1. 黄色彩椒
2. 橘色彩椒
3. 紫色彩椒
4. 辣椒苗床育苗

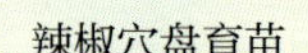

1. 辣椒穴盘育苗
2. 大棚辣椒露地定植
3. 大棚辣椒覆膜定植
4. 温室辣椒覆膜定植

1. 露地辣椒搭架栽培
2. 大棚辣椒地膜覆盖栽培
3. 日光温室辣椒地膜覆盖栽培
4. 棚室辣椒防虫网覆盖栽培

1. 辣椒基质栽培
2. 辣椒盆栽种植
3. 日光温室辣椒吊蔓
4. 露地辣椒栽培滴灌技术

辣椒
优质栽培新技术

LAJIAO YOUZHI ZAIPEI XINJISHU

李贞霞　编著

中国科学技术出版社
·北　京·

图书在版编目（CIP）数据

辣椒优质栽培新技术 / 李贞霞编著 . —北京：中国科学技术出版社，2017.8（2020.12 重印）
ISBN 978-7-5046-7594-1

Ⅰ. ①辣… Ⅱ. ①李… Ⅲ. ①辣椒—蔬菜园艺
Ⅳ. ① S641.3

中国版本图书馆 CIP 数据核字（2017）第 172714 号

策划编辑	张海莲　乌日娜
责任编辑	张海莲　乌日娜
装帧设计	中文天地
责任印制	徐　飞

出　　版	中国科学技术出版社
发　　行	中国科学技术出版社有限公司发行部
地　　址	北京市海淀区中关村南大街16号
邮　　编	100081
发行电话	010-62173865
传　　真	010-62173081
网　　址	http://www.cspbooks.com.cn

开　　本	889mm × 1194mm　1/32
字　　数	91千字
印　　张	3.75
彩　　页	4
版　　次	2017年8月第1版
印　　次	2020年12月第2次印刷
印　　刷	北京长宁印刷有限公司
书　　号	ISBN 978-7-5046-7594-1 / S · 665
定　　价	16.00元

Contents 目录

第一章 概述

一、辣椒的起源

辣椒别名秦椒，属1年生或多年生草本植物，起源于中南美热带地区的墨西哥、秘鲁等地。据文献记载，辣椒1493年率先传入欧洲，大约1583—1598年传入日本。传入我国的年代未见具体的记载，但是比较公认的我国最早关于辣椒的记载是明代高濂撰的《遵生八笺》(1591年)，有:“番椒丛生，白花，果俨似秃笔头，味辣色红，甚可观”的描述。据此记载，通常认为，辣椒是明朝末年传入我国的。

辣椒传入我国有两条路径，一是声名远扬的丝绸之路，从西亚进入新疆、甘肃、陕西等地，率先在西北栽培；一是经过马六甲海峡进入我国，在云南、广西和湖南等地栽培，然后逐渐向全国扩展。至乾隆年间，贵州地区开始大量食用辣椒，紧接着与贵州相邻的云南镇雄和湖南辰州府也开始食用辣椒。湖南一些地区在嘉庆年间食辣还不多，但道光以后，食用辣椒便较普遍了。据清代末年《清稗类钞》记载:“滇、黔、湘、蜀人嗜辛辣品”“(湘鄂人)喜辛辣品”“无椒芥不下箸也，汤则多有之”，说明清代末年湖南、湖北人食辣已经成性，连汤里都要放辣椒了。相比之下，四川地区食用辣椒的记载稍晚，雍正《四川通志》、嘉庆《四川通志》都没有种植和食用辣椒的记载。目前见于记载最早的可能是在嘉庆末期，当时种植和食用辣椒的主要区域是成都平原、川南、川西南，以及川、鄂、陕交界的大巴山区。同治以后，四川食用辣椒才普遍起来，以至“山野遍种之”。据清代末年傅崇矩的《成都通览》，光绪以后成都各色菜肴达1 328种之多，而辣椒已经成为川菜中主要的作料之一，食辣已经成为四川人饮食的重要特色。与傅崇矩同一时代的徐心余在《蜀游闻见录》中也有类似记载：“惟川人食椒，须择其极辣者，且每饭每菜，非辣不可。”

二、辣椒的地位与作用

1. 辣椒是重要的蔬菜种类

我国的西北、西南、东北和湖南、湖北、江西位于著名的辣带范围内。湖南人嗜食辣椒天下闻名，几乎达到无辣椒不能下饭、无辣椒而索然无味的地步；贵州人、四川人也是如此。中国八大名菜系中，川菜和湘菜占有两席，而川菜和湘菜的主要特点是辣。我国的辣椒年种植面积大，全国各地都有辣椒栽培，其中年种植面积超过7万公顷的有江西、贵州、湖南、河南等6个省，这些充分说明辣椒已是我国重要的蔬菜作物。

2. 辣椒可作为重要的工业原料

辣椒不仅是鲜食蔬菜，还是调味佳品和重要的天然色素、制药原料和其他工业原料。辣椒粉、辣椒油及其他辣椒制品是我国传统的加工产品，在国内国际市场有一定的声誉。辣椒含有维持体内正常生理机能、增强人体抗性和活动的多种化学物质，对人类多种疾病有一定的疗效。辣椒素作为一种药用物质近几年在其药理研究方面的进展较快，使得辣椒成为重要的制药原料。辣椒红素是重要的天然色素，色泽鲜艳，稳定性好，对人没有副作用，发达国家如美国、日本等规定食品中可不受限制地使用辣椒红素。另外，辣椒红素还是医药中的药片糖衣、胶囊及高级化妆品的重要色素。因此，目前用于加工的辛辣类型辣椒和干制后色泽深红的辣椒栽培面积迅速增加，大有超过菜椒之势。

3. 辣椒是一种重要的经济作物

由于交通运输业的迅速发展，我国现已形成了许多辣椒生产基地，辣椒已成为当地的主要经济作物和重要的经济来源。据统计，我国现有160多个县、市（乡镇）为辣椒生产基地，如贵州省的遵义县、河北省的鸡泽县和望都县、湖南省的湘西、云南省的丘北县、江西省的永丰县等地，辣椒均已成为主要支柱产业。

4. 辣椒制品丰富了人们的饮食结构

传统的辣椒制品主要有辣椒干、辣椒粉、辣椒酱、辣椒油、泡辣椒等，辣椒深加工产品主要有辣椒素、辣椒红素及其制品，以及含辣药品、含辣食品等。

三、辣椒的营养价值与保健功能

辣椒营养丰富，尤其是维生素C的含量很高，是茄子的36倍；胡萝卜素的含量是苹果的19倍；维生素B_2和维生素B_1分别是苹果的3倍和4倍；维生素P（也叫路丁）含量较一般蔬菜多5～6倍，在蔬菜中名列前茅。据测定，每100克辣椒中含蛋白质1.6克、脂肪0.2克、糖4.5克、钙12毫克、磷40毫克、铁0.8毫克、胡萝卜素0.37毫克、维生素C198毫克，以及少量的维生素B_1、维生素B_2、脂肪油、挥发油、戊聚糖、矿物质等。研究发现，辣椒果实挥发油的含量为0.1%～2.6%，主要成分是2-甲氧基-3-异丁基吡嗪，新鲜辣椒具有特有香气。辣椒果实中所含辛辣成分为辣椒碱、降二氢辣椒碱、高辣椒碱、高二氢辣椒碱、壬酸香兰基酰胺、癸酸香兰基酰胺；色素为叶黄素、隐黄素、辣椒红素、微量辣椒玉红素、柠檬酸、酒石酸、苹果酸等。此外，辣椒还含有较为丰富的人体所必需的钙、磷、铁等矿物质。辣椒称得上是营养丰富、搭配齐全的蔬菜类佳品。

辣椒的保健功能主要表现为以下方面。

1. 健胃消食

辣椒对口腔及胃肠有刺激作用，能增强肠胃蠕动，促进消化液分泌，改善食欲，增加消化酶的活性，从而具有促进食欲、改善消化功能的作用。单独用少许辣椒煎汤内服，可治疗因受寒引起的胃口不好、腹胀腹痛。用辣椒和生姜熬汤喝，能治疗风寒感冒，对于兼有消化不良的病人，尤为适宜。辣椒还是抗坏血酸和胡萝卜素的天然仓库，近代医学证明两者都具抗癌作用，能“疗噎膈”，减少胃癌的发病率。我国一些医学和营养专家对湘、川等地进行调查，发现这些普遍喜食辣椒的地区，胃溃疡的发病率远低于其他地区。这是由于辣椒能刺激人体前列腺素 E_2 的释放，有利于促进胃黏膜的再生、维持胃肠细胞功能，可防治胃溃疡。

2. 祛风活血

辣椒能加速血液循环，使心跳加快，血管扩张，提高皮肤温度，所以在寒冷潮湿地区人们对辣椒怀有特殊的感情。伤风感冒、关节疼痛、受潮感寒时，吃些辣椒出身汗，症状可以随着发汗消失。四川人夏天吃火锅，边吃边出汗，认为这是一种特殊的美食享受。在湖南有“3 个红辣椒，顶个大棉袄”的谚语，从另一角度说明了辣椒的祛风行血之功。

3. 改善心脏功能

以辣椒为主要原料，配以大蒜、山楂的提取物及维生素 E 制成的“保健品”，食用后能改善心脏功能，促进血液循环。此外，常食辣椒还可降低血脂，减少血栓形成，对心血管系统疾病有一定预防作用。还能降低血压，抑制恶性肿瘤细胞的生长，促进脂肪代谢，有减肥及减少血管硬化、冠心病发病率的作用。

4. 降低血糖

牙买加科学家通过实验证明，辣椒素能显著降低血糖水平。目前，研究人员尚不清楚辣椒素是如何影响胰岛素含量的。他们推测，可能是辣椒素提高了胃下胰腺胰岛素的分泌量，也有可能是它延缓了机体中负责葡萄糖代谢的激素受到的破坏。

5. 预防胆结石

常吃青椒能预防胆结石。青椒含有丰富的维生素，尤其是维生素 C，可使体内多余的胆固醇转变为胆汁酸，从而预防胆结石。已患胆结石者多吃富含维生素 C 的青椒，对缓解病情有一定作用。

辣椒富于营养，又有重要的药用价值，但食用过量反而危害人体健康。因辣椒辛热，会引起神经系统损伤、消化道溃疡，甚至会引起细胞生化反应混乱而演变成肿瘤。过多的辣椒素会剧烈刺激胃肠黏膜，使其高度充血、蠕动加快，引起胃疼、腹痛、腹泻并使肛门烧灼刺疼，诱发胃肠疾病，促使痔疮出血等。

四、我国辣椒产业发展现状

1. 辣椒种植业发展状况

进入 20 世纪 90 年代，在辣椒及其加工制品市场需求不断增长的推动下，我国辣椒产业发展迅速，并呈现出基地化、规模化和区域化等特点，发展速度大大快于全球平均水平。据资料显示，1991—1997 年世界辣椒种植面积和总产量分别以每年 2.23% 和 4.65% 的速度递增，我国则以每年 7.67% 和 9.53% 的速度增长，分别高出世界平均增速 5.44% 和 4.88%。1997 年我国辣椒种植面积和总产量分别占世界的 26% 和 40%。2000 年以来我国辣椒生产继续保持快速发展势头，2003 年种植面积达到 130 万公顷，总产量达到 2 800 万吨，分别占世界水平的 35% 和 46%。与 1994 年相比，2003 年我国辣椒种植面积扩大了约 90 万公顷，产量增加了约 1 900 万吨。目前，辣椒在我国已发展成为仅次于大白菜的第二大蔬菜作物，常年种植面积稳定在 130 万公顷以上，产值和效益雄居蔬菜作物之首。

从生产区域看，我国辣椒产地主要分布在陕西、贵州、湖南、四川、河南等省，同时这些地区又是我国辣椒消费量较大的区域。在过去的 10 年，各地依托自身资源优势，大力推进农业产业结构调整，辣椒产业得以迅速发展。据统计，目前我国有 160 多个县

（乡、镇），将辣椒作为重要的特色农产品，甚至是作为支柱产业加以发展。在这些地区，还涌现出了一系列特色辣椒品种，如邱北辣椒、鸡泽辣椒、绥阳朝天椒、宝鸡线椒、益都红、天鹰椒、牛角王、三樱椒和长角辣椒等。

随着北方辣椒产业的崛起，传统的辣椒主产区发展格局正在悄然发生变化，山东和内蒙古等地辣椒种植面积不断扩大，传统辣椒主产区的生产竞争力有所削弱。长期以来，作为我国辣椒生产和消费大省的湖南，由于气候潮湿、土地资源少、大部分耕地土质差，辣椒容易发生病害，产量与北方相比差距较大，近年来当地辣椒种植规模并没有大的改变，年种植面积约 6 167 万公顷。因此，湖南省从外地调入大量辣椒以满足当地居民消费和加工业快速发展的需要。

2. 辣椒加工业发展状况

近年来，我国辣椒加工企业不断涌现，规模较大的企业有 200 多家，并开发出油辣椒、剁辣椒、辣椒酱、辣椒油等200多个品种。辣椒系列加工制品表现出强劲的发展势头，成为食品行业中增幅最快的门类之一，有力地促进了我国辣椒产业的发展。随着辣椒制品加工业的不断发展，涌现出不少国内外知名的辣椒品牌，如“老干妈”“老干爹”“乡下妹”“坛坛香”“辣妹子”等。

在辣椒制品加工方面，以贵州和湖南最为突出。最近 10 年，贵州充分依靠其辣椒品质优良、生产规模大的优势，大力发展辣椒制品加工业，目前辣椒加工企业已达130余家，形成了以“老干妈”为龙头，“老干爹”“天阳天”“乡里香”等为骨干的辣椒食品加工企业群体，主要生产油辣椒、发酵辣椒和辣椒风味食品等产品，竞争优势强，在国内外占有较大的市场份额，销往国内各主要城市，出口美国、德国、日本等国家。贵阳南明老干妈风味食品有限公司生产的“老干妈”系列辣椒调味品，年产值超过 15 亿元，其油辣椒制品在国内已占有 60% 以上的市场销售份额，成为国内辣椒制品行业的龙头老大。湖南省发挥农家历来有制作剁辣椒、酱辣椒、干辣椒和辣椒酱的习惯，近年来辣椒制品加工业发展很快，辣椒加工业已经发展成为湖南省的重要产业。据统计，目前湖南辣椒加工行业约有 1 000 家企业，其中规模较大的有 200 多家，产值超过 20 亿元，形成了一批具有一定实力和特色的辣椒产品加工企业，如“辣妹子”“一统山河”“华越老干妈”等。但由于自产辣椒品质难以满足加工需要，湖南辣椒加工企业 90% 以上的加工原料从外地（特别是陕西省）采购。同时，湖南辣椒加工产品单一，剁辣椒所占比重较大，高科技、高附加值的产品几乎没有，还有不少企业为手工作坊式小企业，生产规模很小。

近年来，在国内其他辣椒主产区，辣椒加工业受到高度重视，也建立了不少辣椒加工制品企业，如河北省鸡泽县有辣椒加工企业 128 家。但是与贵州省和湖南省相比，这些地区的辣椒制品加工业仍存在较大差距。在辣椒产业发展过程中，山东和云南等地选择在辣椒深加工上寻求突破，以辣椒红色素、辣椒素、辣椒碱等为主打产品，在国内迅速崛起，大有后来者居上之势，贵州和湖南等地以辣椒初级产品加工为主的辣椒制品加工业受到越来越大的挑战。这些辣椒深加工企业的不断发展，将为推动我国辣椒产业的进一步发展奠定良好的基础。

3. 辣椒育种发展状况

辣椒育种在辣椒产业发展过程中发挥了重要的推动作用。辣椒育种水平以湖南和陕西两省最为突出。湖南省具有丰富的辣椒种质资源和雄厚的育种、栽培研究基础，以湘研系列辣椒为代表的辣椒科研和开发利用在全国乃至全世界都具有较大的影响，是世界上最大的辣椒种子生产基地。近年来，为推动辣椒产业的发展，陕西省宝鸡市从匈牙利和加拿大引进高色素辣椒种质资源，开展高色素辣椒和彩椒育种，育成了品质、产量、抗性均较优的一系列辣椒新品种，如陕椒 2001、陕椒 2003 和陕研 168 等。其他辣椒主产区（如贵州省）辣椒育种虽然取得一定进展，但与湖南省和陕西省相比，差距较为明显。

第二章 辣椒生长结果习性

一、生物学特性

1. 根的生长习性

辣椒根系根量少、入土浅，茎基部不易产生不定根。在育苗时，若主根被切断则主要根群仅分布在10～15厘米的表土层内。因此，在辣椒栽培中采取护根育苗显得尤为重要。

2. 分枝结果习性

辣椒茎直立，基部木质化，主茎顶芽分化为花芽后，以双杈或三杈分枝继续生长。辣椒的分枝结果习性很有规律，可分无限分枝与有限分枝两种类型。

（1）无限分枝型 主茎长到一定叶数后顶芽分化为花芽，其上位2～3个侧芽抽生出2～3个侧枝，花（果）着生在分杈处，抽生侧枝的顶部着花后又抽生侧枝，如此连续不断，呈无限分枝型。绝大多数栽培品种都属于无限分枝型。无限分枝型辣椒品种，主茎基部各节叶腋均可抽生侧枝，但其开花结果较晚，应及时摘除以减少养分的消耗。

（2）有限分枝型 植株较低矮，主茎长到一定叶数后顶芽分化出簇生的花芽，由其下部的数个腋芽抽生出一级侧枝，一级侧枝顶芽也分化为簇生的花芽，一级侧枝上还可抽生二级侧枝，二级侧枝顶部也着生簇生花芽，以后植株不再分枝，各种簇生椒都属于此种

类型。

辣椒果实为浆果，小果型辣椒多为 2 个心室，圆形或灯笼形辣椒多为 3～4 个心室。无限分枝型品种的果实多为朝下生长，有限分枝型品种的果实多朝上生长。辣椒果实形状和大小差别很大，通常有扁圆形、圆形、灯笼形、近方形、线形、长圆锥形、短圆锥形、长羊角形、短羊角形、樱桃形等形状。大果型甜椒品种不含辣椒素，小果型品种辣椒素含量高，辛辣味浓。

3. 开花习性

辣椒花为完全花，单生或簇生，无限分枝型品种的花多为单生，有限分枝型品种的花多为簇生（2～7 朵）。生长正常时辣椒的花药与雌蕊的柱头等长或稍长，营养不良时，易出现短花柱花，短花柱花因授粉不良易落花。辣椒属于常异交作物，天然杂交率约为 10%。

二、生长发育期

1. 发芽期

从胚根伸出种皮到第一片真叶展开为发芽期。发芽期属异养阶段，生产中应选择饱满的种子并防止“戴帽”出土，以利于培育壮苗。

2. 幼苗期

从第一片真叶展开到现蕾为幼苗期。辣椒在 3～4 片真叶时开始花芽分化，花芽分化前为基本营养阶段，从花芽分化开始进入营养生长与生殖生长的同步生长阶段。在生产上，分苗要在花芽分化前完成。

3. 开花坐果期

辣椒从开花至第一个果（门椒）坐稳为开花坐果期。开花坐果期是以营养生长为主过渡到以生殖生长为主的转折期。生产上既要防止门椒坐住时叶面积偏小造成“坠秧”，又要防止生长过旺造成植株徒长形成“疯秧”。通常在初花期采取“控”的措施促进根系生长，而门椒坐稳后采取“促”的措施，实现营养生长与生殖生长并重。

4. 结果期

从门椒坐住到收获结束拉秧为结果期。结果期的特点是秧、果同步生长，需要采取加大肥水的管理措施，促使营养生长和生殖生长的平衡，以延长结果期。

三、对环境条件的要求

1. 温度

辣椒种子发芽适温为25℃～30℃，在适温条件下种子4～5天即可发芽，低于15℃时难以发芽。幼苗期生长发育适温白天23℃～27℃、夜间15℃～20℃。初花期植株开花授粉的适宜温度为20℃～25℃，低于15℃时难以授粉受精，易引起落花落果；高于35℃，则花器官发育不全或柱头干枯不能受精而落花。不同品种对温度的要求也有很大差异，大果型品种往往比小果型品种更不耐高温。

2. 光照

辣椒对光照的要求因生育期不同而异。辣椒的光饱和点约为600微摩/（米^2·秒），过强的光照不但不能提高同化速率，反而会因强光伴随高温而导致落花落果。因此，夏季栽培辣椒常与玉米间作，以适当遮阴而获得高产。

3. 水分

辣椒是茄果类蔬菜中较耐旱的植物，尤其是小果型辣椒品种比大果型的甜椒更为耐旱。幼苗期需水不多，初花期需水量增加，果实膨大期需要充足的水分。果实膨大期如果水分供应不足，则果实膨大速度慢，果面皱缩、弯曲、色泽暗淡，甚至降低产量和商品性。

4. 空气

辣椒根系对土壤含氧量要求较高，如果土壤通气不良而缺氧，影响根系呼吸，限制根系对水分与矿质养分的吸收利用。因此，生产中应选择通气良好的土壤，实行高垄栽培和浅栽，并注意夏季雨

后及时排水。

5. 土壤与营养

辣椒对土壤要求不严，在沙土、壤土、黏土等不同土质上都能生长，但以透水、透气性好的沙壤土为好。辣椒对土壤的酸碱度反应敏感，在中性或弱酸性土壤上生长良好，适宜的pH值为5.6～6.8。夏季在黏重、排水不良的土壤上栽培，雨后植株容易发生死亡现象。辣椒对氮磷钾三要素均有较高的要求，每生产1000千克产品，需吸收全氮（N）5.19千克、五氧化二磷（P_2O_5）1.07千克、氧化钾（K_2O）6.46千克。初（开）花期忌氮肥过多，否则会引起植株徒长，导致落花落果。

第三章
辣椒良种繁育与品种选择

我国辣椒育种起步时间较短，杂种优势利用从20世纪70年代开始，经过近40多年的努力辣椒育种迅速发展。目前，我国从事辣椒育种的单位和研究人员众多，选育了很多辣椒新品种，如中椒系列、兴蔬系列、苏椒系列、洛椒系列、湘研系列、茂椒系列、汴椒系列等。

一、我国主要辣椒育种机构及品种类型

目前，我国辣椒育种机构大致可分为科研单位、大公司、民营企业三大类型。

1. 科研单位

中国农业科学院蔬菜花卉研究所，选育的中椒系列以甜椒为主，代表品种有中椒5号、中椒6号、中椒11号等；北京市农林科学院蔬菜研究中心，选育的京研系列以甜椒和干椒为主，代表品种有京辣1号、京辣2号、京辣8号，京甜2号、京甜3号和京甜4号；湖南省农业科学院蔬菜研究所，选育的兴蔬系列以长线椒、牛角椒和泡椒为主，主要代表品种有博辣5号、博辣6号、兴蔬16号、兴蔬203、福湘碧秀、福湘秀丽、福湘5号等；江苏省农业科学院蔬菜研究所，选育的苏椒系列以泡椒品种为主，主要代表品种有苏椒5号、苏椒11号等；广东省农业科学院蔬菜研究所选育以

泡椒、牛角椒为主；河北省农林科学院经济作物研究所选育以甜椒为主；辽宁省沈阳市农业科学院蔬菜研究所选育以甜椒为主。

2. 大 公 司

湖南省湘研种业有限公司，选育的湘研系列以泡椒、牛角椒和线椒为主，代表品种有湘辣 4 号、湘研 13 号、湘研 16 号、大果 99 等。

3. 民营企业

河南省洛阳市诚研种业有限公司，选育的洛椒系列以泡椒为主，主要品种有洛椒 98A；河南红绿辣椒种业有限公司、开封市蔬菜研究所，以选育泡椒品种为主，代表品种有汴椒 1 号；四川富顺县川椒种业有限公司选育的品种以长线椒为主，代表品种有优干 1 号、优干 2 号；江西农望种业有限公司以选育长线椒为主，主要品种有更新 8 号等。

二、我国主要辣椒产区及品种结构

我国幅员辽阔，生态类型多，纬度跨度大，一年四季都可以生产辣椒，经过多年的推广探索，全国各地已形成了相对稳定的生产基地和主要品种类型。东北三省，由于适宜辣椒生产的季节较短，以早熟辣味型甜椒、辣椒和干椒为主，主要栽培品种有沈椒 4 号、景尖椒 3 号等，干椒主要分布在通辽、白城等地，主要品种为韩国金塔类型，辣椒加工脱水后出口；西北的新疆、甘肃、青海和宁夏等地，种植甜椒和牛角椒，其品种特性是果实表皮有皱、味较辣，代表品种有四平头、陇椒、猪大肠、赤峰椒等；河北省种植辣椒主要集中在固安县一带，以中熟泡椒和晚熟牛角椒为主，主要栽培品种有中椒 6 号、湘研 30 号、福湘 5 号等；山东省以长线椒和牛角椒为主，主要品种类型有湘辣 2 号、湘研 30 号、苏椒 5 号和国外引进品种等；安徽省以大棚早熟泡椒和秋延大棚辣椒为主，主要品种有洛椒 98A、福湘 2 号、汴椒 1 号、农大 301 等；河南省以秋延牛角椒和中熟泡椒、朝天椒为主，也有一定规模的线椒面积，主要栽培品种有湘研 16 号、兴蔬 16 号、中椒 6 号、山鹰椒、博辣 6 号等；陕西省以长线椒、早熟泡椒、中熟泡椒为主，主要品种有洛椒 98A、8819、博辣 6 号、福湘 5 号、湘研 13 号等；湖北省以早熟泡椒和高山反季节泡椒为主，主要栽培品种有洛椒 98A、福湘 2 号、大果 99、中椒 6 号、早杂 2 号等；湖南、四川和江西三省是我国辣椒种植面积最大的地区，主要有线椒、牛角椒和泡椒 3 种类型，栽培的主要品种有湘研 15 号、湘辣 4 号、大果 99、湘研 13 号、博辣 6 号、兴蔬 215、兴蔬 16 号、福湘 2 号、福湘 5 号、更新 8 号、春椒 9 号、优干 1 号、优干 2 号等；广东、广西、福建等地种植的辣椒品种类型也较丰富，主要品种有种都 4 号、湘研 16 号、湘辣 4 号、茂椒 5 号、博辣 6 号、兴蔬 16 号等；海南省以冬季种植为主，泡椒种植面积最大，牛角椒面积下降，线椒面积有上升趋势，主要品种有湘研 13 号、福湘 5 号、博辣 6 号等。

三、我国辣椒主要制种基地

杂交辣椒种子作为高科技载体，是一种特殊的生产资料，其质量的好坏、能否正常供应，直接影响到辣椒产业的发展。杂交辣椒近十年的发展证明，制种基地是杂交种子生产的基础，规划并建设好制种基地是搞好杂交辣椒种子产业化的关键。

1. 海南基地

海南是我国重要的冬季南繁基地，也是杂交辣椒种子重要的生产基地。海南基地以三亚为中心，沿东线可发展到陵水县和乐东县，其特点是种植时间短，种子产量高、质量好，收种时间适宜。海南基地一般在 9～10 月份播种，收种在翌年 1～4 月份。如果某一品种缺乏，在 1 月份收种，能在我国大部分地区播种前供种，是理想的种子调节生产基地。海南基地年生产杂交辣椒种子可达 100 吨，每公顷平均产量 750 千克，最高单产达 1 125 千克。适宜早熟

甜椒和辣椒制种。

2. 华东基地

以江苏省徐州市、安徽省萧县为中心。华东基地的特点是种子质量好、稳定，制种产量高，受灾害性气候影响较小。播种时间在10月份，种子收获期在翌年7月底至8月上旬，可赶上广东、广西、云南、海南等南菜北运蔬菜生产基地的秋播。华东基地处于南北交界处，同时具有北方早春的光资源丰富和南方升温快的特点，采用大棚栽培进行制种，年生产能力相当大，每公顷平均产量825千克左右，最高达1 200千克。适宜早中熟辣椒制种。

3. 华北基地

以山西的忻州为中心，是甜椒和中晚熟辣椒品种重要的种子生产基地。该基地的特点是中晚熟品种产种量高，种子生产成本较低，轮作条件好，病虫害相对较少，而且受灾害性气候影响较小，产量较为稳定。播种期一般在春节前，收种时间在9月中旬至10月上旬，种子经质量检验后翌年出售。华北基地的年生产能力较大，早熟品种每公顷最高产量达975千克，平均产量600千克；中晚熟品种最高产量达750千克，是我国目前中晚熟品种单产最高的生产基地之一。

4. 西北基地

以甘肃的酒泉、张掖为代表，是早熟品种和甜椒品种的理想生产基地。该基地的生产特点是病虫害少，种子质量好，产量高且稳定。播种期一般在春节后，收种期在10月中旬。西北基地海拔在1 500米以上，全年降雨量在85毫米左右，光照充足，十分有利于抗病性、耐热性、耐湿性较差的甜椒品种生长，制种产量高。早熟品种每公顷最高产量达1 275千克，平均产量900千克。

5. 东北基地

以辽宁省为代表，其特点是山多，隔离条件好，有利于品种多、数量少的杂交种子繁育。

四、辣椒制种关键技术

辣椒制种技术可分为田间管理、授粉技术和采种技术 3 部分。田间管理又分为露地栽培和大棚栽培 2 种方法，主要差别是大棚栽培温度、湿度可以控制。授粉技术和采种技术各基地基本相同。

1. 田间管理

（1）育苗 育苗是辣椒制种的重要环节，直接关系到制种的成功与否。父母本的播种期要根据各基地的气候条件和双亲的特性来定，其原则是保证父本植株花期在母本植株花期之前。海南冬季制种，育苗期在 10 月份，关键技术是降温和病虫害防治，苗龄一般为 25 天。北方制种冬季或早春育苗，其关键技术是保温防冻。下面主要介绍北方育苗技术。

①幼苗管理

第一，控制温度。出苗前主要是温度控制，辣椒种子最适发芽温度为 28℃～30℃。出苗后应及时揭掉覆盖物，防止幼苗徒长。幼苗出土后，应逐渐降低床温，降温的程度以不妨碍幼苗生长为度，白天床温可降至 15℃～20℃、夜间 5℃～15℃，直至露出真叶。幼苗经过一段时间的低温锻炼后，子叶壮实而厚，叶色浓绿，叶片平展，茎秆粗壮，可提早花芽分化和现蕾，幼苗的抗寒性和抗病性得到增强。真叶露出后，应适当提高床温，白天温度保持 20℃～25℃、夜间 10℃～15℃。

第二，加强光照。育苗设施应尽可能采用透光率高的覆盖物，并保持覆盖物的清洁。在保温的前提下，对覆盖物尽量早揭、晚盖，延长光照时间，但要防止冷风直接吹入苗床。

第三，调节湿度。湿度过高或过低均不利于幼苗生长，湿度过高易发生病害和冻害，应根据天气状况，采用通风降湿和撒干土或草木灰吸湿降低湿度。湿度过低时，选择晴天上午 10～12 时适当浇水。床土板结时注意松土，间苗时结合中耕、除草，秧苗出现缺

肥症状时及时追肥。

②分苗（假植）期管理　冬季育苗，一般需进行分苗。分苗能促进生根，有利于辣椒苗的前期生长，提早授粉，有利于高产稳产。辣椒幼苗分苗以生理苗龄 2～3 片真叶时最佳，分苗宜在晴天上午 10 时至下午 3 时进行，此时气温高，根系活跃，易发新根，伤口愈合快，成活率高。

第一，缓苗期。分苗后为了促进根系恢复，应适当提高棚内温度，地温保持 18℃～20℃，气温白天保持 25℃～30℃、夜间 20℃，空气相对湿度保持 85% 以上。主要措施是加强覆盖，闷棚 2～3 天，7 天后幼苗心叶开始生长，可浇 1 次缓苗水。

第二，生长期。缓苗后，根系的吸收功能得到恢复。为防止徒长，此期内温度可比缓苗期略低，一般白天气温 20℃～25℃、地温 16℃～18℃，夜间气温 15℃～16℃、地温 13℃～14℃。

第三，炼苗期。为提高幼苗定植后对环境的适应能力，缩短定植的缓苗时间，一般在定植前 5～7 天将棚膜由小到大逐渐揭开，使秧苗接受低温锻炼，以适应露地的生态环境。

（2）大田栽培技术

①整地施基肥　制种田要深耕至底土层，一般深翻 26～33 厘米。整地时底土可适当成坨成块，以利透水透气，排灌畅通。表层土粒要细碎、平整，有利于地膜紧贴畦土表面，发挥覆盖效果。结合整地每 667 米 ^{2} 施充分腐熟有机肥 4 000～5 000 千克，若有机肥不足，也可改施三元复合肥 50 千克。辣椒制种一般畦宽 1～1.2 米（包沟）。

②定植　辣椒大田栽培要避免晚霜和低温对幼苗的危害，因此父母本定植应在当地晚霜过后、耕层 10 厘米深处的土温达到 10℃～12℃时进行。

③水分管理　辣椒定植后的 3～5 天为缓苗期，定植后 7 天左右心叶开始生长、新根长出，这时要浇缓苗水，然后适当蹲苗。一般土壤相对湿度保持 80% 为宜。北方基本上是地下水浇灌，水温较

低，因此浇水应根据辣椒苗生长势而定，尽量减少浇水次数，以利于辣椒苗前期生长。海南制种则要避开白天高温，以晚上浇水为宜。辣椒大量挂果后，白天气温较高，水分的蒸腾量增大，因此浇水要勤、轻，不能大水漫灌，以防止土壤积水而发生沤根死株。

④追肥管理　一般用速溶性复合肥和发酵人畜粪作追肥。化肥的浓度为0.5%，粪肥为二成稀。如果发现植株黄化矮小，可喷施0.3%～0.5%尿素和0.3%～0.5%磷酸二氢钾肥液提苗。授粉前重追1次苗肥，有条件的以饼肥为主，豆饼或腐熟的豆籽、菜籽饼均可，一般每667米^{2}施豆类饼肥125～150千克、菜籽饼200千克或棉籽饼250千克左右，其他饼肥不得少于175千克。授粉结束后果实开始膨大，这时要重追1次坐果肥，以利于适时成熟。

⑤植株调整　为了降低授粉成本，目前国内基本上采用集中授粉法，因此前期要求辣椒苗生产旺盛、整齐一致。一般授粉前将母本的第一、第二层花疏掉，控制生殖生产，促进营养生长。整枝时还要疏去内部的弱枝，以改善植株群体的通风透光状况，有利于授粉和结果。停止授粉后7～10天应清除自交花，这样不仅可防止采种时混入自交种，而且能使种子千粒重增加0.8～1.2克。

⑥覆膜或小拱棚保护　这个措施主要是针对晚熟品种在霜期来临时还有部分种子未成熟而采用的。霜期来临时，夜间采用覆盖或小拱棚等保护措施来保护植株不受冻害，白天应将膜揭掉，这样可以减少霜冻损失，增加产量。

⑦病虫害防治　辣椒病虫害较多，主要依靠综合防治，特别是加强田间管理，预防病虫害大量发生。同时，在病虫害发生初期，还可采用化学药剂防治。

（3）大棚辣椒制种关键技术

大棚制种收种期为7月下旬，在南方（3月份）和北方（10月份）收种期之间，生产单位应根据市场种子销售情况调整生产计划，保证杂交辣椒种子各品种的周年均衡供应，且兼顾海南种子质量好、北方种子生产成本低的优点。许多杂交辣椒种子繁育单位看好这种制种模式，故其制种规模呈上升趋势。目前，大棚制种主要分布在江苏的徐州与安徽的萧县。大棚制种栽培管理与露地栽培基本相同，关键是大棚内的温度和湿度控制。

①塑料大棚的构建　为了降低种子的生产成本，杂交辣椒制种可直接利用种植蔬菜的塑料大棚或因陋就简搭建竹木结构的简易塑料大棚，有条件的也可采用组装式钢管结构大棚。棚的大小以有利于大棚的保温、通风和在大棚内进行授粉等农事管理为原则，一般大棚跨度 6～8 米（每个棚可覆盖 6～8 畦）、长度 40～80 米、高度 1.8 米左右较为适宜。

②温度管理

第一，定植缓苗期。定植后应立即将棚四周全部密封，以便于大棚增温。大棚内温度白天保持在 25℃～30℃，最高不超过 32℃；夜间温度保持在 15℃～17℃。如果棚内温度超过 32℃，应通风降温。早春季节，外面的温度较低且风大，应以通腰风为主。定植返青后，温度可适当降低，控制在 22℃～28℃。

第二，授粉期。授粉期间大棚内温度白天保持 22℃～28℃、夜间 15℃～17℃较为适宜。由于授粉期（4 月下旬至 5 月下旬）气温上升较快，大棚内的温度上升更快，在天气晴朗时棚内温度有时可达 40℃，因此要注意对温度的控制，灵活掌握大棚通风量。当外界最低夜温连续一段时间保持在 18℃～20℃时，夜间可不闭通风口；若温度连续保持在 22℃～25℃时，应揭开围膜。

第三，授粉后期。由于 6～7 月份外界温度增高，平时要根据天气情况，随时调节大棚内的温度，保证温度在 30℃以内，不超过 35℃。6～7 月份连续阴雨天气多，为防止雨水浸入田间淹苗引起烂果，一般不要揭开棚膜。

③水分管理　辣椒苗成活后，由于早春温度较低，一般不再浇水，可通过松土保墒，避免水分蒸发来保持土壤适宜的湿度。大棚土壤湿度以表土见白见干、下层土壤潮湿为宜。若土壤过干，以浇跑马水为好，避免大水漫灌，浇水时间以中午为宜。授粉期以促为

主，保证辣椒在以后的各生育阶段有充足的营养和水分。水分以土壤相对湿度在 70%～80% 为宜，这样既有利于饼肥的分解，又能满足辣椒对水分的需求，从而有利于养分吸收利用。授粉期间应小水勤浇，大水漫灌会造成浇水后的 2～3 天花集中开放，浪费大量的花。5 月中旬更要注意对水分的控制。授粉结束后，是肥水需要量最多的时期，因此一定要注意后期肥水管理，可根据植株的生长情况施肥和浇水。

2. 授粉技术

（1）花粉制取 每天采粉有 2 个最佳期，一个是上午 7～8 时，另一个是下午 4～5 时。采摘父本植株上充分发白、未散粉的大花蕾，摘取雄蕊，在室内摊开或放在下部装有石灰块的容器中进行干燥，然后过筛制取花粉。

（2）去雄 辣椒制种去雄方法可分为镊子（或其他工具）去雄和徒手去雄 2 种，目前国内除特殊要求一般采用徒手去雄法。徒手去雄法操作简单，容易掌握，当母本花蕾泛白时，用拇指、食指、中指一并将雄蕊和花瓣摘除就可以了。去雄时花蕾大小一定要掌握适度，花蕾过大易出现假杂种，过小坐果率低，单果种子数少。徒手去雄的优点是授粉工效高，种子质量好。

（3）授粉 人工授粉可分为边去雄边授粉和先去雄后授粉 2 种方法。边去雄边授粉，能减少授粉工时，提高授粉工作效率。授粉量要充足，以保证单果能结较多种子。先去雄后授粉主要是针对父母本亲和力不高的组合，去雄后隔 12～24 小时，在母本花处于受精最佳期时再授粉，以提高授粉的坐果率和单果种子数。去雄后每天用不同的标记以区分去雄时间。最适宜的杂交授粉时间为上午 6～11 时和下午 4～7 时，一般授粉期为 25 天左右。

（4）标记 搞好标记是保证杂交种子纯度的重要措施，做标记的方法很多，其原则是容易区分、耐用、方便制作。目前，生产中应用较多的有保险丝、有色线、废编织袋丝、印油、去萼片和去叶片等方法。做标记时一定要边授粉边做标记。

3. 采种技术

（1）取种　一般在授粉后50～70天果实成熟，果实采回后可在太阳下晒1天，使辣椒果皮变软，以便于取种。取种方法很多，归纳起来主要有3种：一是用小手刀或其他利器取种。用小刀切去果实基部，刚露出胎座为佳，然后纵切果实，取出种子。二是徒手取种。双手搓一搓果实，使种子与胎座分离，然后从萼片处将果皮螺旋状撕开，取出种子。三是机械取种。用机器将辣椒果实打碎、过筛，将种子与果皮分离，取出种子。

（2）干燥　种子从果实中取出后，应立即进行干燥处理，否则种子变成灰色、黑色，失去光泽。目前，国内有以下几种干燥方法：一是自然干燥法。降雨量少的西北地区，空气湿度小，种子取出后，在室内薄薄摊开，自然干燥。种子外观质量好，颜色金黄，有光泽。二是太阳晒种法。种子取出后，将种子摊放在草席、编织袋或纱网上，在太阳下晾晒，其中以纱网晒种最好，种子干净、容易干燥、安全，该方法在各基地都采用。三是加热干燥法。采种后，遇到阴天，可采用人工加温和风扇干燥，干燥温度不得超过35℃。种子干燥后，要等种子散热、达到室温后再装袋密封。

（3）清选　种子干燥后，常常混有各种杂质，如果皮、不饱满种子、胎座等，必须进行清选。各地清选方法不一样，由于辣椒种子具有较强的辣味，集中清选很困难，所以种子干燥后要及时清选；否则，不能达到净度标准。

五、辣椒类型与主栽品种

1. 甜 椒 类

（1）中椒104号　中国农业科学院蔬菜花卉研究所最新育成的中晚熟甜椒品种。植株生长势强，连续坐果性好，果实呈方灯笼形，4心室率高，果面光滑，果色绿，单果重180～230克，肉厚0.5～0.6厘米。中晚熟，从始花至采收约50天，果实商品性好。抗病毒病，耐疫病。每 667 米^2 产量 4 000～6 000 千克。北方地区露地栽培，苗龄 90 天左右，畦宽 120 厘米，每畦种 2 行，每 667 米^2 栽 3 500～4 000 株，基肥以多施腐熟农家肥为主。适宜北方冬春茬塑料大棚栽培或长季节栽培。

（2）**中椒 105 号** 中国农业科学院蔬菜花卉研究所最新育成的中早熟甜椒一代杂种。植株生长势较强，果实灯笼形、3～4 心室，果面光滑，果色浅绿，单果重 130～150 克，果肉厚 0.4 厘米左右。中早熟，从始花至采收 36 天左右。与市场同类品种比较，其最突出点在于中后期坐果性比所有同类品种多，果实更大，果实商品性更佳。该品种抗逆性强，兼具较强的耐热和耐低温能力，抗病毒病。每 667 米^2 产量 5 000～6 500 千克，比市场同类品种增产 15%～30%。主要适宜广东、海南等地区秋冬季栽培，8 月上旬至 10 月下旬播种，高畦栽培，每 667 米^2 栽 3 500～4 000 株，株行距均为 50 厘米，基肥以农家肥为主，及时追肥，注意防治病虫害。也可用于北方春茬塑料大棚栽培。

（3）**中椒 107 号** 中国农业科学院蔬菜花卉研究所最新育成的早熟甜椒一代杂种。植株生长势中等，早熟，从始花至采收 30 天左右。果实灯笼形、3～4 心室，果面光滑，果色绿，单果重 180～240 克，果肉较薄，味脆甜。该品种果实膨大快，前期坐果多且集中，较耐低温，抗病毒病，每 667 米^2 产量 4 000～5 000 千克。主要适于北方地区保护地早熟栽培，也可露地地膜覆盖栽培。京津地区一般 1 月上旬至 2 月上旬播种，苗龄 85 天左右，3 月底定植于大棚，4 月底定植于露地。畦宽 100 厘米，每畦栽 2 行，每 667 米^2 栽 4 000～4 500 株。

（4）**中椒 108 号** 中国农业科学院蔬菜花卉研究所最新育成的中熟甜椒一代杂种。植株生长势中等，果实方灯笼形，果纵径约 11 厘米、横径约 9 厘米，4 心室率高，果面光滑，果色绿，单果重 180～220 克，肉厚约 0.6 厘米。中熟，从始花至采收 40 天左右，果实商品性好，商品率高，耐贮运，货架期长。抗病毒病，耐疫病，每 667 米 ^{2} 产量 4 000～5 000 千克。主要适宜广东、海南等地区露地栽培，8 月上旬至 10 月下旬播种，高畦栽培，每 667 米 ^{2} 栽 3 000～4 000 株，培育壮苗移植，株行距 50 厘米，基肥以农家肥为主，及时追肥，注意防治病虫害。也可用于北方冬春茬塑料大棚栽培，要求阳光充足，特别要注意前期的营养生长和生殖生长的调节，防止徒长。

（5）中椒 0808 号　中国农业科学院蔬菜花卉研究所育成的杂交一代甜椒品种。中晚熟，从定植到始收 70 天左右。植株生长势强，株形较直立，株高 52 厘米左右，始花节位 8～9 节。果实方灯笼形，青熟果实浅绿色，成熟果实黄色，纵径平均 9 厘米，横径平均 7 厘米，平均单果重 135 克。果肉厚 0.6～0.8 厘米，3～4 心室，以鲜食为主。2 月下旬至 3 月初播种，苗龄 90 天左右，5 月下旬定植。畦宽 120 厘米，每畦栽 2 行，株距 32～35 厘米，每 667 米 ^{2} 栽 3 500 株左右。重施基肥，每 667 米 ^{2} 施腐熟农家肥 4 000～5 000 千克、菜饼肥 100 千克、磷钾肥 100 千克。及时采收，采收后及时追肥，保证植株生长旺盛。

（6）中椒 4 号　中国农业科学院蔬菜花卉研究所育成的甜椒一代杂种。植株生长势强，株高约 56.4 厘米，开展度约 54.8 厘米，叶腋易生侧芽，茎绿色，叶卵圆形、全缘叶色深绿。第一花着生在 12～13 节，花大，花冠白色。果实灯笼形，纵径约 8.9 厘米，横径约 7.3 厘米，果实 3～4 心室，果肉厚 0.5～0.6 厘米，单果重 120～150 克。单株产量 1～1.2 千克，每 667 米 ^{2} 产量 3 000～4 500 千克。

（7）中椒 5 号　中国农业科学院蔬菜花卉研究所育成的中早熟甜椒一代杂种。该品种主要适宜露地早熟栽培，也可用作保护地栽培。植株直立，生长势强，株高 55～60 厘米，开展度 42～47 厘米。连续结果性好，始花节位在 9～11 叶节，定植后 32 天左右开始采收。果实灯笼形、3～4 心室，纵径约 10 厘米，横径约 7 厘米，单果重 80～120 克。品质优良，抗逆性强，有较强的耐热和耐寒性，抗烟草花叶病毒，中抗黄瓜花叶病毒。

（8）中椒 7 号 中国农业科学院蔬菜花卉研究所选育成的早熟一代杂交种。株高 65 厘米左右，开展度 59～60 厘米，第一花着生在 8～9 节。果实灯笼形，商品果深绿色、3～4 心室，果肉厚约 0.48 厘米，平均单果重 115.4 克。田间表现耐病毒病和炭疽病。适宜作早熟品种种植。

（9）甜杂 1 号 北京市农林科学院蔬菜研究中心育成的早熟一代杂种。株高 80 厘米左右，茎绿色，2～3 杈分枝，叶片绿色，第十一片叶着生第一花序，花白色。果实长圆锥形，果面光滑，多为 3 个心室，果柄下弯，嫩熟果绿色，老熟果红色，单果重约 70 克，最大果重 100 克以上，果肉厚约 4 毫米。味甜，质佳，每 100 克鲜果维生素 C 含量 87 毫克。耐病毒病，主要表现在生长中后期耐病。生长势强，早熟、高产、坐果率高，连续结果能力强，一般每 667 米^2 产量 2 500～4 000 千克，延后栽培每 667 米^2 产量 4 000～6 500 千克。适宜保护地或露地栽培。

（10）甜杂 2 号 北京市农林科学院蔬菜研究中心选育的早熟一代杂交种。植株生长势强，平均株高 85 厘米。茎叶绿色，多为三杈分枝。第一雌花着生在 11 片叶节左右。果实绿色，灯笼形，平均纵径 9 厘米、横径 6 厘米，果肉厚约 0.35 厘米，单果重 60 克左右。在北京市早熟，从定植至采收 30 天左右。一般每 667 米^2 产量 2 000～3 000 千克，延后栽培每 667 米^2 产量可达 6 000 千克。连续结果性好，味甜，品质好，抗烟草花叶病毒病能力强。适宜保护地栽培。

（11）甜杂 3 号 北京市农林科学院蔬菜研究中心选育的中早熟杂种一代。植株生长势强，株高约 84.5 厘米，三杈分枝，叶片深绿色，12～13 片叶着生第一花。果实灯笼形，有 3～4 心室，最大果重 250 克。果肉厚 4 毫米以上，味甜，质优，果皮蜡质层较薄。抗烟草花叶病毒，兼耐黄瓜花叶病毒。坐果多，果实生长速度快，每 667 米^2 产量 2 500～4 500 千克。适宜保护地和露地栽培。

（12）甜杂 7 号 北京市农林科学院蔬菜研究中心育成的中熟

一代杂种。植株生长势强，生育期 210 天左右。叶片绿色，始花节位 12 节左右，花冠白色。果实灯笼形、3～4 个心室，果面光滑，果柄下弯，商品果绿色，老熟果红色，果肉厚约 4.5 毫米。耐病毒病能力强。为保护地及露地栽培兼用品种。

（13）**牟农 1 号**　河南省中牟农校从茄门甜椒的天然杂交后代中选育成的中早熟常规品种。果实长灯笼形，果面光滑，商品菜熟果绿色，种熟果红色，3～4 心室，果肉厚 0.3～0.5 厘米，味甜质脆，品质佳，每 100 克鲜果含维生素 C 127 毫克。植株生长势较强，株高 60 厘米以上，第一花着生于 11～14 节，坐果率高，单果重 100克左右，每667 米^{2}产量3 000～4 000 千克。较抗病毒病和疫病。适于露地栽培。

（14）**茄门**　上海市地方品种。中晚熟，多为露地栽培，也可进行保护地栽培。植株生长势强，株高 65 厘米左右，开展度 60～70 厘米，茎粗壮，叶片多而肥大，主茎 13 节左右着生第一花。果实方灯笼形、四棱，果顶凹陷，果肩平，果深绿色，果面光滑，果肉厚约 0.4 厘米，单果重约 150 克。果实较耐贮运。

（15）**农大 40 号**　中国农业大学育成的中晚熟品种。植株生长势强，抗病性和丰产性强。果实灯笼形，果色浓绿，果大肉厚，单果重 150 克左右，果面光滑，品质优良。该品种适应性广，全国大多数地区均可种植。

（16）**农发**　中国农业大学选育的中熟品种。植株生长势强，植株高大，果实发育速度快。果实绿色，长灯笼形，果大，肉厚，单果重可达 150～200 克，品质极佳，商品性好。适于北方各地栽培。

（17）**海花 3 号**　北京市海淀区植物组织培养实验室经花药培养育成的甜椒新品种。株形紧凑，株高 37 厘米左右，开展度 29 厘米左右，第一花着生于 11～12 节位。果实长方灯笼形、深绿色，果面光滑，果肉较厚，平均单果重 75 克。抗病，较适于保护地栽培。

（18）**海丰5号** 北京市海淀区植物组织培养实验室育成的早熟一代杂种。植株生长势较强，株高约70厘米，开展度约50厘米，抗逆性较强。第一花着生于9节左右，果实长方灯笼形、浓绿色，果肉较厚，果面光滑，单果重80克左右，连续坐果性强。抗烟草花叶病毒，耐黄瓜花叶病毒。适于露地或保护地早熟栽培。

（19）**海丰6号** 北京市海淀区植物组织培养实验室育成的早熟一代杂种。果淡绿色、方灯笼形，单果重200克左右，每667米^{2}栽4 500株，产量4 500千克左右。抗病，各地均可试种栽培。

（20）**双丰** 中国农业科学院蔬菜花卉研究所与海淀区农业科学研究所选育的中早熟一代杂种。植株生长势较强，株形紧凑，株高约53厘米，开展度约61厘米。坐果率高，果实绿色、灯笼形、顶部有3～4个凸起，果面光滑，单果重95克左右，果肉较厚，品质好。耐烟草花叶病毒。适于华北等地春早熟栽培。

（21）**同丰37号** 山西省大同市南郊区蔬菜研究所育成。植株生长势较强，株高约65厘米，叶片大、淡绿色。门椒着生于12～14节，果实黄绿色、长方灯笼形、4个心室，单果重150～200克。耐病毒病。

（22）**吉椒2号** 吉林省蔬菜花卉科学研究院选育的中早熟甜椒品种。株高约60厘米，开展度约65厘米。8～9节着生第一花。果实方灯笼形，长12～13厘米，横径7～8厘米，青熟果绿色，单果重80～100克。果肉厚约0.3厘米，味甜质脆。抗烟草花叶病毒，耐黄瓜花叶病毒。

（23）**京椒1号** 北京市种子公司育成的中早熟一代杂种。植株生长势强，丰产性好。株高70厘米左右，开展度65厘米左右。果实灯笼形，果面光滑，青熟果绿色，果肉厚约4毫米，单果重90克左右。较抗病毒病。适于露地和保护地栽培。

（24）**哈椒1号** 黑龙江省哈尔滨市蔬菜科学研究所育成的中熟甜椒一代杂交品种。果实灯笼形，墨绿色，果面微皱，果纵径9～11厘米，果横径8～9厘米，果肉厚约0.4厘米，果肉质脆嫩，

味甜，单果重 150～200 克，每 667 米 ^{2} 产量 1 700 千克左右。高抗病毒病，抗倒伏。

（25）**冀椒 2 号**　河北省农林科学院经济作物研究所育成。株高约 75 厘米，开展度约 65 厘米，植株茎秆粗壮，分枝较细。第一花着生于 9～10 节。果实灯笼形，浅绿色，果面 3～4 条纵沟，果肉厚约 4 毫米，单果重 75 克左右。早熟，生长势强，较抗病毒病，适于保护地栽培。

（26）**冀椒 4 号**　河北省农林科学院经济作物研究所育成的中熟甜椒一代杂交品种。果实灯笼形，深绿色，果面光滑，果肉厚约 0.5 厘米，肉质脆嫩，味甜，单果重约 100 克，每 667 米 ^{2} 产量 4 000 千克左右。抗病毒病、炭疽病、疫病和日灼病。

（27）**北星七号**　内蒙古农业科学院蔬菜研究所育成。植株生长势强，茎秆粗壮，株型直立高大，株高约 65 厘米，开展度 50～55 厘米。第一花着生于 11～13 节，果实长灯笼形，深绿色，果实横径约 7 厘米、纵径约 12 厘米，单果重 130～200 克，味甜质脆。中晚熟，耐贮运。定植至始收约 55 天，较抗病毒病，适于露地栽培。

2. 辣 椒 类

（1）**农大 21 号**　中国农业大学园艺系选育的中熟一代杂种。植株生长势强，坐果率高。果实牛角形、绿色，果面光滑而有光泽。果肉厚约 0.35 厘米，肉质脆嫩，微辣，品质优良，单果重 50～60 克。抗病毒病，耐疫病。适于露地和保护地栽培。

（2）**农大 24 号**　中国农业大学园艺系选育的中熟一代杂种。植株生长势强，坐果多，抗病毒病，耐疫病。果实羊角形、黄绿色，辣味中等，果面光滑，商品性好。果实纵径 17～20 厘米、横径约 3 厘米，单果重 30～40 克，每 667 米 ^{2} 产量 3 500～4 000 千克。适宜塑料大棚和露地栽培。

（3）**931 辣椒**　中国农业科学院蔬菜花卉研究所新近选育的微辣型一代杂种。该品种早熟、丰产，植株生长势强，株高约 90 厘米，单株结果40个以上。果实羊角形，果面光滑，标准果单果重约36克，果实纵径约23厘米、横径约2.7厘米，肉厚约0.25厘米，味辣，宜鲜食，品质好。适应性广，较耐寒，耐病毒病。适于早春日光温室、塑料大棚等保护地栽培。

（4）湘研16号 湖南省农业科学院蔬菜研究所育成的晚熟一代杂种。果实牛角形、绿色，果实纵径约15厘米、横径约3.4厘米，果肉厚约0.35厘米，单果重约45克，每667米^{2}产量4 500千克左右。微辣，抗病毒病。适于秋延后露地栽培。

（5）湘研19号 湖南省农业科学院蔬菜研究所育成的早熟一代杂种。果实长牛角形、深绿色，果面光滑，微辣。果纵径约16.8厘米、横径约3.2厘米，肉厚约0.29厘米，单果重33克左右。适于早春露地栽培。

（6）湘研25号 湖南省农业科学院蔬菜研究所育成的中熟青皮牛角椒品种。果实长牛角形，果长约18.5厘米，果宽约3厘米，肉厚约0.3厘米。果实长且直、浅绿色，果外表光亮、有牛角斑，果实饱满、腔小，果肉厚，辣味浓，品质佳。前后期果实一致性好，单果重40克左右，耐湿热，抗性好，适应性广。适宜在嗜辣地区作丰产栽培。

（7）中椒6号 中国农业科学院蔬菜花卉研究所育成的中早熟一代杂种。植株生长势强，结果率高。果实粗牛角形，果纵径约13厘米、横径约4.5厘米，肉厚约0.4厘米，单果重55～60克。果实绿色，果面光滑，微辣。抗病毒病。每667米^{2}产量3 000～5 000千克。适于露地栽培。

（8）中椒10号 中国农业科学院蔬菜花卉研究所育成的早熟一代杂种。植株生长势强，株高77厘米左右，开展度69～81厘米，始花节位6～10节。果实长羊角形，果面光滑、深绿色，微辣。果纵径约16厘米、横径约3.1厘米，肉厚0.3厘米左右，单果重约30克。质脆，口感好，品质优，商品性好。多抗，耐弱光，丰产。适于大棚、温室保护地栽培。

（9）**中椒 13 号**　中国农业科学院蔬菜花卉研究所育成的早熟微辣型辣椒一代杂交品种。果实羊角形，纵径约 16 厘米，横径约 2.5 厘米，肉厚约 0.21 厘米，单果重约 32 克，微辣，商品性好。耐热、耐旱、抗病，每 667 米^2 产量 3 000～5 000 千克。适于全国各地露地栽培。

（10）**沈椒 3 号**　辽宁省沈阳市农业科学院育成的一代杂种。植株半开张，侧枝生长较弱。果实灯笼形，果长 8～9 厘米，果面绿色、较光滑，果顶略凹，3～4 个心室，果肉厚 0.3～0.35 厘米，单果重 55 克左右。果肉鲜脆，微辣。耐寒、耐热性较强，较耐旱，抗烟草花叶病毒，耐黄瓜花叶病毒，早熟。

（11）**沈椒 4 号**　辽宁省沈阳市农业科学院育成，早熟。10 节左右着生第一花，果实膨大速度快，定植后 30 天即可采收青果。植株矮壮，株高约 38 厘米，开展度约 36 厘米，抗烟草花叶病毒，耐黄瓜花叶病毒。果实长灯笼形，果纵径 11～12 厘米、果横径 6～7 厘米，果肉厚约 0.35 厘米，平均单果重 60 克，果色绿，可食率 83% 以上。果实有辣味，每 100 克鲜果含维生素 C 约 100.6 毫克，品质好，风味上乘，可鲜食。适于塑料大棚、小拱棚栽培，也适于地膜覆盖栽培。

（12）**津椒 8 号**　天津市农业科学院蔬菜研究所经 8 代系统选育而成。植株较直立，分枝性强，植株高约 83 厘米，第一朵花着生节位在 10～13 节。露地栽培定植后 40 天开始采收，属中早熟品种。商品果绿色、有光泽，成熟果红色，果实长灯笼形，果纵径约 7.2 厘米、横径约 5.8 厘米，果肉厚约 0.35 厘米，3～4 个心室，筋辣。对病毒病有较强的抗性。最适宜露地连秋栽培。

（13）**早杂 2 号**　江西省南昌市蔬菜研究所选育而成。株高约 56 厘米，开展度 63 厘米 × 54 厘米，生长势较强。叶色深绿，果实牛角形，果面光滑、深绿色，单果重 25 克左右，果肉厚 0.2～0.3 厘米。较抗炭疽病、病毒病、青枯病。早熟，宜在小拱棚和露地栽培。

（14）**海丰 12 号**　北京市海淀区海花公司选育的早熟杂交一代品种。果实羊角形，微辣，果纵径约 20 厘米、横径约 2.8 厘米，果肉厚约 0.2 厘米，单果重 25～30 克。果面光滑，果实顺直，商品性好。该品种植株生长势强，抗病性好，每 667 米^{2}产量 4 000 千克以上。适于露地和保护地栽培。

（15）**海丰 23 号**　北京市海淀区海花公司选育的早熟杂交一代品种。果实牛角形、淡绿色，微辣，果实纵径 23～26 厘米、横径 4 厘米左右，果肉厚 0.35～0.4 厘米，单果重 100 克左右，果面光滑，商品性好。植株生长势强，坐果集中。每 667 米^{2}产量 4 500 千克左右。保护地、露地均可种植。

（16）**京辣 1 号**　北京市农林科学院蔬菜研究中心育成的中熟一代杂种。植株生长势强，果实粗牛角形，嫩果深绿色，成熟果深红色，果面光滑，肉厚，耐贮运。果纵径约 16.5 厘米、横径约 4.3 厘米，单果重 80 克左右，品质佳，商品性好，每 667 米^{2}产量 3 000～5 000 千克。抗病毒病和青枯病，适于保护地和露地栽培。

（17）**京辣 4 号**　北京市农林科学院蔬菜研究中心育成的中早熟一代杂种。植株生长势强，始花节位 9～10 节，果实长粗牛角形，嫩果翠绿色，果面光滑，耐贮运，商品性好。果纵径 22～24 厘米、横径 4.6～5.5 厘米，单果重 90～150 克。耐低温，持续坐果率高。抗病毒病和青枯病。适于华北、西北和东北地区保护地和露地栽培。

（18）**京辣 5 号**　北京市农林科学院蔬菜研究中心育成的中熟一代杂种。植株生长势强，果实粗羊角形，味辣，嫩果深绿色，成熟果鲜红色，果面光滑，肉厚腔小，耐贮运。果纵径约 23.5 厘米、横径约 3.2 厘米，单果重 70 克左右，每 667 米^{2}产量 3 000～5 000 千克。品质佳，商品性好，坐果率高。抗病毒病和青枯病。适于南菜北运基地、北方保护地和露地栽培。

（19）**京辣 6 号**　北京市农林科学院蔬菜研究中心育成的中晚熟一代杂种。植株生长势强，果实粗羊角形，味辣。嫩果深绿色，成熟果深红色，果面光滑，肉厚腔小，耐贮运，商品性好。果纵径约23.5厘米、横径约3.2厘米，单果重70克左右，每667米^{2}产量3 000～5 000千克。抗病毒病和青枯病。适于北方露地和南菜北运基地栽培。

（20）**洛椒3号**　河南省洛阳市辣椒研究所育成的早熟一代杂种。果实灯笼形，果面较光滑。果纵径8～10厘米、果实横径6～7厘米，果肉厚约0.35厘米，单果重80～110克，果肉质脆嫩，微辣。抗病性强，耐旱性一般，每667米^{2}产量3 000～3 500千克。

（21）**洛椒4号**　河南省洛阳市辣椒研究所育成的早熟一代杂种。果实粗牛角形，嫩果绿色，果面光滑，质嫩，微辣。果纵径14～18厘米、果实横径4.5～5.5厘米，果肉厚约0.3厘米，单果重60～80克。抗病性强，每667米^{2}产量3 500千克左右。适于保护地和露地栽培。

（22）**粤椒3号**　广东省农业科学院蔬菜研究所选育的中熟一代杂种。果实羊角形、深绿色，果面光滑，果纵径约16.5厘米、横径约2.3厘米、厚约0.3厘米，单果重约29克，每667米^{2}产量3 500～4 000千克。果肉质嫩，微辣。耐旱，抗病性强。

（23）**苏椒3号**　江苏省农业科学院蔬菜研究所育成的中熟一代杂种。果实粗长羊角形，果色浅绿，果面光滑。果纵径约18.8厘米、横径约3.4厘米，果肉厚约0.22厘米，质嫩，辣度高。单果重约39克，每667米^{2}产量3 900千克左右。抗病毒病、炭疽病。适于露地栽培。

（24）**沈椒6号**　辽宁省沈阳市农业科学院辣椒研究所育成的早熟杂种一代品种。果实深绿色，果长12～13厘米，果宽约7厘米，果肉厚约0.4厘米，单果重约80克。果肉质嫩，微辣。抗病性特强，抗逆性强。露地栽培每667米^{2}产量3 000千克左右，保护地栽培每667米^{2}产量5 000千克左右。

3. 加 工 类

（1）8819　陕西省农业科学院蔬菜研究所与宝鸡市农技中心选

育的常规品种。株高50～60厘米，开展度约40厘米，茎生3～5个侧枝，叶色深绿，结果高度集中于株冠的中下部。果实线形、3～7个簇生，果实深红色，干燥后果面皱纹细密。果纵径约15厘米、横径约1.2厘米，单果鲜重7克左右，干椒率约20%。

（2）枥木三鹰椒 日本枥木县从诸多辣椒品系中筛选出的品种。株高50～70厘米，易于栽培，产品适合干燥用。果实纵径6～7厘米、横径0.8～0.9厘米，果重约5克，成簇向上，每株可收获果实100个以上，可一次性经济收获。果皮亮红色，极其鲜艳，干燥后亦无黑斑，品质极佳。抗病、高产。

（3）新一代三樱椒 从日本引进的辣椒新品种。株高80厘米左右，开展度40～50厘米，株形紧凑。椒果朝天簇生，细指鹰嘴形，成熟椒果深红色，果纵径5～7厘米、横径约0.8厘米，椒皮油亮。椒果大小均匀，籽多饱满，香辣味浓。每667米^{2}产干椒达400千克。

（4）天宇3号 产于韩国，属一代杂交种。生育期270天，采果期100天左右，植株高80～85厘米，开展度55～60厘米。果实簇生朝天，每簇6～9个，多的达30余个，椒纵径5～7厘米、横径约1厘米。味道辛辣鲜美，既可鲜食和干制，又可制泡椒、提取辣椒红色素和辣椒油等。

第四章 辣椒育苗技术

辣椒育苗指从播种到定植的苗床生长发育过程。培育壮苗是辣椒高产栽培最关键的技术措施之一。辣椒栽培有直播和育苗移栽两种方法。直播一般开沟做垄，垄上条形直播，稀撒种子，播后盖土约1厘米厚，以不见种子为宜。盖土过厚，种子出苗时间过长，在子叶没出土之前不能制造养分，当种子自身储存的养分消耗殆尽时，即会引起“沤籽”。直播虽然省工，但用种量大，出苗期及幼苗期因面积大难以管理，并受气候因素影响大，很难培育壮苗。因此，目前辣椒栽培多采用育苗移栽的方法。

一、育苗设施

目前，生产上选用的育苗设施主要有增温设施和遮阴降温设施。增温设施主要有阳畦、温床、温室、塑料小拱棚等。在华北、东北、西北等冬季寒冷地区，需在有加温设施的棚室或采用电热温床育苗；长江以南地区可在日光温室或塑料棚内育苗。遮阴降温设施可利用大棚支架和果菜藤蔓来进行遮阴，或利用遮阳网降温。

1. 阳　畦

阳畦又称冷床。主要靠阳光增温，无其他人工加温设施，由风障、畦框、覆盖物三部分组成（图1）。阳畦必须在当地初冬土壤上冻以前建造。选择地势高燥，背风向阳，距水源较近的地方做畦。阳畦坐北朝南，东西横长设置，畦宽 1.5 米、长 10～20 米不等。在冬季早晨雾大、上午 8～9 时融霜后才揭开草苫的地区，苗床以向南稍偏西 5°～10° 为好；而在早晨雾少、西北风强的地区，苗床以向南稍偏东为好。

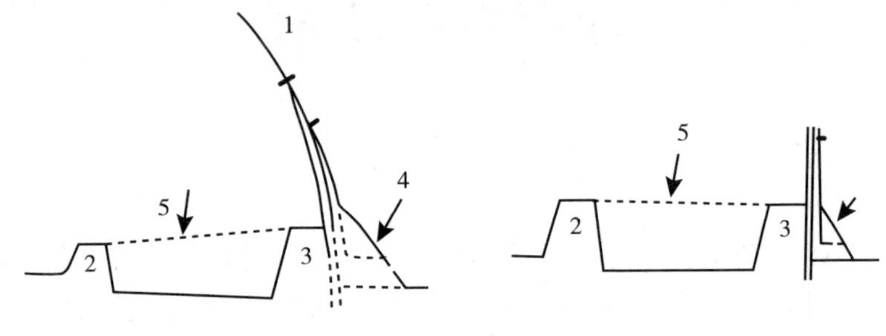

图 1　阳畦

1. 风障　2. 南框　3. 北框　4. 风障土背　5. 覆盖物

做畦前 1 天在畦底部位浇水，洇透畦底。浇水后第二天，趁土壤湿黏之际挖土垒框。垒框时，边垒土边踩实，并抹光表面。垒框顺序为先北框，再东西两侧，最后南框。北框高 40～50 厘米，框底宽 30～40 厘米，框顶宽 15～20 厘米；南框高 20～30 厘米，框底宽 30～40 厘米，框顶宽 25 厘米左右；东西两框为南低北高并与南北两框密切相接，厚度与南框相同。待框基本晾干，贴北框外侧立一道风障。风障由篱笆、披风、土背三部分组成。篱笆用竹竿或苇子、高粱秆等材料组成，高约 2 米，向南倾斜，与地面呈 70° 角。披风草紧贴篱笆背阴侧，高约 1.5 米。在篱笆和披风的基部培底宽 50 厘米、高约 40 厘米、顶宽 20 厘米的土背。阳畦覆盖物由透明覆盖物和不透明覆盖物两种组成。透明覆盖物一般为农用塑料薄膜。覆膜时，先将北框上的薄膜边用泥压好，其他三条边暂时用砖压好，待播种后再用泥压住密封。不透明覆盖物常采用草苫、蒲席等，用于晚上覆盖以加强保温，其宽度应略宽于畦面，长度以使用方便为准。

播种前将畦内土壤深翻，并将畦土由南半畦翻到北半畦，将土堆成斜面，以便阳光充分晒土，提高地温。播种前 20 天左右，白

天敞开覆盖物晒土，夜间盖席保温。播种前，在畦底平铺约10厘米厚的腐熟有机肥，并将其与表土均匀掺和。然后整平畦面，盖好薄膜，烤地增温，等候播种。

2. 温 床

温床育苗主要包括电热温床、酿热温床、火热温床和水热温床4种方式。目前，辣椒栽培大多采用电热温床，其原理是利用电流通过电阻较大的电导体时，可将电能转化为热能给土壤加温，从而为辣椒幼苗生长发育提供适宜条件。电热温床的优点是加温快而均匀，床温可按需要进行人工调节或自动调节，使用方便。电热温床育苗出苗快而整齐，且幼苗健壮，根系发达。

电热温床在北方一般设在温室内，东西延长，床宽1.2～1.5米；南方多设在塑料大棚内，宜南北延长。通常在地面上按温床面积大小，四周培15～20厘米高的土埂，踩实后用铁锹切齐，将地面铲平即可。在平整好的畦面上铺一层5～10厘米厚的隔热层（稻壳或经处理的炉渣），踏实隔热层，上面再铺一层2～3厘米厚的细土，然后在其上铺设电热线。

使用电热温床时应注意，电热线的长度是按功率设计额定的，使用中不可随意剪断或连接；不能将整盘的电热线通电测试；在单相电路中电加温线只能并联使用，不能串联使用，且总功率应不超过2 000瓦；在三相电路中使用时应采用Y型接法，禁止用A型接法；布线时不能交叉、重叠、打结，只能在引出线上打结固定，防止通电后烧断电热线；温度的控制可采取人工定时开关电源或线路中接入控温仪实现自动控温。布线结束时，应使两端引出线归于同一边，在线数较多时，对每根线的首尾分别做好标记，并将接头埋入土中；电热温床育苗完毕后，在取出电热线时，不能硬拔硬拉或用锄头掘取，以防电热线断裂。用后洗干净，在阴凉干燥处保存并防止鼠、虫咬破绝缘层。

3. 温 室

温室的种类很多。按屋面采光材料的不同可分为玻璃温室和塑料薄膜温室；按加温与否可分为加温温室和日光温室；按结构不同又可分为单屋面、双屋面、连栋温室等。目前，生产上应用较多、适合早春育苗用的多为塑料薄膜温室。塑料薄膜温室有较厚的土墙或砖墙，在竹木或钢筋的拱架上覆盖塑料薄膜，能够充分采光和严密保温，无论用于育苗或蔬菜生产，效果都很好。如有加温设施，能够人为控制温度，育苗更为稳妥。在温室内按东西向做畦，畦宽1.2米左右，畦深15厘米左右，平整畦面后可在畦内施肥配制营养土或摆入育苗盘。

4. 塑料小拱棚

塑料小拱棚主要由塑料薄膜和竹竿组成，结构非常简单，应用很方便。小拱棚一般高0.5～1米，宽度以便于操作为原则，一般为1～1.2米，长度可根据地形和育苗量的多少确定。一个宽1米、长6米的标准苗床可播50克种子，培育3 500～5 000株苗，栽植667米^{2}大田。由于塑料小拱棚保温效果较差，温度偏低的年份，可采用加盖双层或三层塑料膜防冻保温。生产中应注意两层膜之间保持一定距离，阻止两层膜之间的空气对流，形成隔热层，以起到良好的保温效果。夜间在塑料薄膜上再加盖草苫保温。

为了提高小拱棚内的温度，也可在小拱棚的北侧立一高约1米、厚0.5米的土墙，将支架（竹竿或钢筋）一端插入地，另一端搭在北墙上，畦中部立柱，现绑几根横梁。畦宽约3米，长短不限，因地制宜。棚架上扣塑料薄膜，薄膜不能全部扣严，分成两幅，两幅的交接处应在顶棚的下侧，在交接处可以拉开缝隙，以便通风降温。夜间可以盖上草苫防寒保温。播种前，要提前翻地，充分翻晒土壤，施入腐熟的有机肥，土肥要充分混合，平整好畦面，等候播种。

二、营养土准备

1. 营养土配制

营养土是供给辣椒幼苗生长所需水分、养分和空气的基础。营养土应具备的条件：一是疏松通透性好，具有良好的保水性和透气性。二是肥沃，营养全面，富含氮、磷、钾、钙等营养元素。三是酸碱度适宜，中性至微酸性，pH 值为 6～8。四是不含可能危及秧苗的病原菌和害虫（包括虫卵）。营养土的原料主要有两大类，园土和有机肥。

园土是配制营养土的主要成分，占 50%～60%。园土应选用 2～3 年内未种过茄果类、瓜类蔬菜和烟草以及没有发生过油菜菌核病的田块，以减少猝倒病、立枯病、早疫病、绵疫病、菌核病等土传病害的发生。前茬种过豆类、葱蒜类、芹菜或生姜等作物的土壤较好，这是因为种植豆类作物的土壤中遗留根瘤菌，土质肥沃。种植葱蒜类作物的土壤含有大蒜素硫化物，有利于抑制或杀灭土壤中的病菌。种植生姜的土壤施肥多，土质好，且含侵害辣椒的病菌很少。也可采用未种过菜的大田土壤。园土应选用 15～20 厘米深的表土，在 8 月份高温时掘取，经充分烤晒后，打碎、过筛，去除砖石块，贮存于室内或用薄膜覆盖，保持干燥备用。

有机肥是营养土的主要养分来源，占 40%～50%。充足的有机肥能促进土壤形成良好的团粒结构，使营养土具备良好的保水性、透水性和通气性。常用的有机肥有厩肥、堆肥、河泥、塘泥、草炭、饼肥等。厩肥为猪粪、牛粪、羊粪、马粪等，为各地常用有机肥。堆肥中以杂草、绿肥、作物秸秆、垃圾等物较多。厩肥和堆肥营养丰富，对改善土壤物理结构、提高通透性有较好的作用，但必须充分腐熟发酵后才能使用。江南地区河塘较多，河泥、塘泥经过冰冻风化，质地疏松，养分丰富，且不带病菌。在草炭丰富的地区，利用其配制营养土非常适宜，草炭中含有 70%～90% 的有机质，营养丰富，且不含病菌和杂草种子，含有的腐殖酸还能促进土壤养分的转化，所配制的营养土质地疏松，重量轻，易搬运。天然草炭挖出后，要经过冬天冻结，翌年才能使用。

如果园土不肥，有机质养分含量低，应在每立方米营养土中加入过磷酸钙 2～3 千克、三元复合肥（氮∶磷∶钾＝15∶15∶12）2～3

千克、草木灰 3～5 千克。

营养土配制可根据当地条件，选用不同的有机肥和田园土混合而成，基本配方有以下几种。

园土∶厩肥∶速效肥 =60%∶40%∶0.226～0.3%

园土∶陈河泥∶垃圾 =50%～70%∶20%～30%∶20%

园土∶草炭 =60%～70%∶30%～40%

园土∶腐熟厩肥∶草木灰或砻糠灰 =50%∶20%～40%∶10%～30%（播种用）

2. 营养土消毒

为避免土传病菌的传播，应针对当地主要病害对营养土进行消毒，常用的消毒方法有以下几种。

（1）**甲醛消毒**　用 40% 甲醛 200～300 毫升，加水 25～30 升，可消毒营养土 1 000 千克。在营养土入床前 15～20 天，用配制好的药液喷洒营养土，喷后将营养土充分拌匀，湿土堆上覆盖塑料薄膜闷 2～3 天，即可达到杀菌目的。揭开薄膜后 7～10 天，土壤中药味完全散尽即可使用。该方法可防治猝倒病和菌核病。

（2）**多菌灵或苯菌灵消毒**　每平方米苗床厚 7～10 厘米的床土，用 50% 多菌灵可湿性粉剂或 70% 苯菌灵可湿性粉剂 4～5 克，加水溶解后喷洒床土。加水量依床土湿润情况而定，以喷药后不使床土过湿为宜。用药后苗床应密闭 2～3 天，以充分发挥药效。苗床充分通气后方可播种。

（3）**高温消毒**　夏季高温季节，在棚室中将床土平摊 10 厘米厚，关闭所有通风口，中午棚室温度可达 60℃，保持 7～10 天，可消灭床土中的部分病原菌。

为了防止苗期病害的发生和节省人工，一些生产水平较高的地区和企业已采用了无土育苗（基质育苗）方式。基质育苗采用蛭石、炉渣等基质固定作物，通过浇灌配制好的营养液，提供幼苗生长所需养分，是一种先进的育苗方式，目前主要应用于工厂化育苗。

三、种子处理

为促使辣椒种子出芽快而整齐，防止种子带病菌传播病害，增强秧苗的抗逆性，培育壮苗，播种前应进行种子处理。种子处理包括选种晒种、浸种催芽和种子消毒 3 个环节。

1. 选种晒种

（1）选种　精选种子，对提高播种质量和出苗率，培育健壮整齐的幼苗，充分发挥良种的增产潜力具有重要的作用。精选种子包括：一是选择新鲜有活力的种子。辣椒种子在一般贮藏条件下使用年限为 2～3 年。新种子呈乳黄色，表皮有光泽，陈种子为土黄色甚至红色，生产中应使用新鲜有活力的种子。二是检查种子的纯度和发芽率。一般生产用种（杂交种）的标准纯度为 90%～95%，发芽率为 90%～95%，常规种标准略低。三是选择籽粒饱满、有光泽、无虫蛀的种子。可将辣椒种子倒入 5% 食盐水溶液中，充分搅拌 3 分钟，再静止 2 分钟，然后除去上面的浮籽，将沉底的种子捞出，用清水洗净。

（2）晒种　种子选好后，在播种前将种子放到纸板或布垫上，选择晴天在阳光下晒种 2～3 天，以促进种子后熟，提高发芽率和发芽势，并杀死种子表面携带的病原菌。切忌将种子摊放在水泥地面等升温较快的地方暴晒，以免烫伤种子。陈种子在播种前晒种效果更显著。

2. 浸种催芽

（1）浸种　浸种的目的是让种子在短时间内吸足发芽所需的绝大部分水分，使种子内部物质活化，氧气进入，生长发育启动。辣椒适宜采用温汤浸种方法，该方法既能达到一般浸种的目的，又能够杀死附着在种子表面和部分潜伏在种子内部的病菌。温汤浸种操作简便易行，具体方法是先将种子放在常温水中浸泡 15 分钟使种子吸胀，以尽量减少烫种时对种胚的影响，并促使种子上病原菌的萌动，利于被烫死。之后将种子放入 50℃～55℃热水中，用水量为种子重量的5倍左右。浸种期间要不断搅动以使种子受热均匀，并及时补充热水使水温保持在50℃～55℃ 15～20分钟，以达到杀菌效果。然后将水温调至28℃～30℃，继续浸种8～12小时。浸种时将温度计一直插入水中测定水温，以便及时调节。加热水时注意不要将热水直接冲在种子上，以免烫伤种子。浸种时间不宜过长，否则种子养分会渗透到水中，但时间过短种子吸水量则不足。浸种结束，洗净种皮上的黏质，将种子从水中捞出，沥干水分，进行催芽。

（2）**催芽** 播种前催芽是保证出苗快而整齐的一项关键措施。经浸种膨胀的种子，用湿润的毛巾、纱布或麻袋布包好，放在温度、湿度和通气条件适宜的环境中，促使种子发芽。辣椒种子的催芽温度为25℃～35℃。由于种子的成熟度和种子袋内温度及氧气分布不均，采用恒温催芽，种子萌芽往往不整齐，有时还易出现徒长芽。因此，为保证出苗壮而整齐，可进行变温催芽，即高、低温交替催芽。通常每天采用30℃～35℃处理10小时、20℃～25℃处理14小时的变温方法。催芽过程中，每隔4～5小时翻动1次种子进行换气，并补充水分调节湿度。种子量大时，每隔1天用温水洗1次种子。当60%～80%的种子露白时，停止催芽等待播种。如不能立即播种，应将种子放置于冷凉处（5℃～10℃）控芽，以免芽过长，播种时折断。

冬季把浸涨的辣椒种子用纱布包好，在0℃条件下冷冻处理2天，或每天将种子在1℃～5℃条件下放置12～18小时，反复进行数天，既可促进发芽，又能增强幼苗抗寒能力。

3. 种子消毒

许多辣椒病菌潜伏在种子内部和附着在种子表面，经种子传播病害。播种催芽前，有针对性地采用不同药剂进行消毒处理，是辣椒安全生产的有效措施。

经种子传播的主要真菌病害为炭疽病和立枯病。预防炭疽病，应在播种前用50℃温水浸种30分钟，或在1.25%次氯酸钠溶液中浸种30分钟，对种子进行消毒处理。预防立枯病，用20%苯菌灵

可湿性粉剂1克和20%福美双可湿性粉剂1克溶解于400毫升水中，配成浓度为0.1%的混合液。按1克种子用1毫升杀菌混合液，进行种子包衣。

经种子传播的主要病毒为烟草花叶病毒、番茄花叶病毒和辣椒温和斑点病毒。为减少病毒感染，可将种子在10%磷酸三钠溶液中浸泡30分钟后，再转移到新鲜的10%磷酸三钠溶液中浸泡2小时，最后用流水冲洗45分钟。也可将种子在5%盐酸溶液中浸泡4～6小时，再用流水冲洗1小时。

经种子传播的主要细菌病害为细菌性斑点病。为降低病菌感染，可将2克种子浸于10毫升1.3%醋酸溶液中4小时（不断搅动），然后用水漂洗3次，再将种子浸于1.25%次氯酸钠溶液中5分钟，用流水冲洗15分钟。也可将种子浸于50℃温水中30分钟。

四、播　种

1. 播种时间

辣椒育苗的播种时间，一般可根据定植期减去育苗天数来推算。辣椒露地栽培定植期必须在终霜过后，保护地栽培可提前。北方地区辣椒露地栽培，定植一般在4月20日以后进行。育苗天数等于苗龄天数，加上7～10天的炼苗天数和3～5天的机动天数。辣椒的日历苗龄一般为70～90天，早熟品种取短限，中晚熟品种取长限。定植时，幼苗株高15～20厘米，早熟品种8～10片真叶，中晚熟品种12～14片真叶，幼苗已现花蕾。如果在温度较高的季节或棚室保护设施内育苗，能在较短时间内培育出适龄生理大苗，其日历苗龄相对要短一些。

辣椒育苗的播期还应依据当地的气候条件、不同栽培目的、品种特性、育苗设施条件等进行调整。以早熟栽培为目的，常采用大龄苗定植；以非早熟栽培为目的，可采用相应较小的幼苗定植。播种期还因各地不同的气候条件而变化，如采用塑料小拱棚育苗，华南地区一般于12月份至翌年1月份播种；长江中下游地区则于11～12月份播种；北方地区多在3月份播种。育苗设施也影响播期，淮河以北地区用温室和温床育苗的播期一般在11～12月份；地膜覆盖栽培的播期则在2月上中旬。陕西关中地区麦套线辣椒的播种期一般以当年3月10～15日为宜。

2. 播种方法

播种应选择无风、晴朗的天气进行。早春育苗，晴天上午播种比阴天或下午播种早出苗5天左右。苗床育苗时，播种前先在苗床铺营养土，给苗床浇透水，使床内6～10厘米的土层湿润，称打足底水。待水渗完后撒上一层细筛筛过的营养土作为垫籽土，厚度为0.2～0.3厘米。

目前生产上多采用撒播，撒播时为防止种子粘连，可拌些干糠灰或干细土、细沙等使种子分散。撒播种子要求均匀、密度适宜，可来回多撒几次。近年来，落水等距点播已开始应用，具体做法为：事先做一个等距划行器，待底水渗下后，用划行器在苗床内纵横双向分别划行，形成6.6～8.2厘米见方的方格，留双苗的每格播种2～3粒种子，留单苗的每格播种1～2粒种子。

播种后均匀地覆盖1～1.5厘米厚的营养土，即盖籽土。覆土太薄，保墒性差，种子易外露，幼苗易“戴帽”出土，影响出苗的整齐度和幼苗子叶的正常伸展。覆土太厚，会延缓出苗时间和消耗种子养分，出苗慢、秧苗弱。盖土时宜从苗床一端依次撒土，使全床厚度一致，以利于出苗整齐。盖土后，用油纸或旧报纸覆盖。温度较低时可在床面覆盖一层地膜以保湿保温，温度较高时则应覆盖遮阳网降温。

五、苗期管理

1. 温度管理

育苗床温度的管理是培育壮苗的关键。出苗前苗床应保持较高的温度，白天温度保持在30℃左右、夜间18℃～20℃，以促进快出苗，整齐出苗。可在播种床面上覆盖地膜，夜温低时再加盖草苫保温，80%种子出苗时揭去覆盖物。幼苗出齐，子叶展开至真叶出现这段时间，应适当降低温度，白天温度降至20℃～25℃、夜间15℃～17℃，以防止下胚轴过长形成高脚苗，保证幼苗子叶肥大，叶色绿，叶柄长短适中，生长健壮。此阶段要加强通风，注意降低湿度，防止猝倒病的发生。

第一片真叶露尖后，苗床温度应恢复到幼苗正常生长适宜温度，白天温度保持25℃～28℃、夜间15℃～20℃。如果白天温度低于15℃、夜间低于5℃，短期辣椒幼苗会停止生长，时间长了就会出现死苗现象，因此应注意采取加盖草苫等保温或加温措施。但晴天白天苗床温度不宜超过30℃，夜间不宜超过20℃，避免夜温过高，造成幼苗徒长。

分苗前3～4天，应降低温度，白天温度保持20℃～25℃、夜间10℃～15℃，进行低温炼苗，增强幼苗抗性，以利于分苗后缓苗。降温的方法是早揭晚盖不透明覆盖物，并加强通风。

2. 光照管理

光照一方面可提高苗床温度，更重要的是可增强幼苗的光合作用。辣椒发芽利用的是种子本身储存的养分，到幼苗2片子叶展开之前，这部分养分几乎消耗完毕，子叶展开即开始进行光合作用。因此，应保证充足的光照，而且较强的光照对幼苗徒长有抑制作用。操作时，在保证各个时期适宜温度的条件下，要早揭晚盖草苫，增加光照时间，并保持玻璃或塑料膜的最大透光率，如经常打扫玻璃和塑料膜上的碎草屑和灰尘，保持干净。生产上应尽可能使用透光性好的新塑料薄膜，但其内部会凝结大量水滴，需每天早晨及时弹落。在温度较高的晴天，可结合通风揭开部分玻璃窗或塑料薄膜，使阳光直射苗床。连续阴雨天光照不足，光合作用弱，为减少消耗防止徒长，应使苗床维持较低的温度，尤其是夜间温度可降至10℃。

3. 培 土

辣椒幼苗适宜的土壤湿度为田间最大持水量的60%～70%。在阳畦和日光温室中育苗，水分蒸发量小，播种时浇足底水可维持到分苗前，所以苗床一般不用浇水，但需覆3～4次过筛的细湿土。覆土可防止苗床板结和幼苗“戴帽”出土，并可填盖幼苗出土时造成的床土裂缝，起到保墒作用。通常在幼苗拱出时，苗床出现裂缝，覆1次土；幼苗出齐、子叶充分展开时，覆1次土；以后视苗床的湿度再覆1～2次土，每次覆土厚约0.5厘米，不能过厚。覆土要选择晴天中午温度较高时进行。覆土还可防止幼苗下胚轴过度伸长，有利于培育壮苗。

4. 水分管理

在加温温室或电热温床育苗，由于温度高，蒸发量较大，床土有时会过干，可适当用细孔喷壶浇水。但水量不宜过大，以使幼苗根须周围的土壤湿润为宜。浇水要在晴天进行，切忌在阴雨天和寒流来临前浇水。浇水时间一般以上午10时至下午3时为好，严寒季节宜在上午10时至12时进行。浇水后要适当通风以降低湿度，防止病害发生。采用小拱棚育苗时苗床中央多浇水，两侧少浇水。采用单斜面苗床或日光温室育苗时，苗床中央和靠近后墙处多浇水，靠近前墙处少浇。当苗床湿度过大，晴天中午前后气温高时，应加强通风换气。阴雨天气外界空气湿度大，不能靠通风来降低湿度，可通过在苗床上撒干细土的方法吸水除湿。

5. 分 苗

（1）分苗时期 分苗又称移苗、假植。随着幼苗长大，幼苗在苗床内变得拥挤，为改善幼苗生长空间，需进行分苗。分苗最佳时期为幼苗2叶1心期，即辣椒幼苗在长出2片真叶后，生长点分化成扁平的花原体，但还没有进一步分化时，一般在播种后33天左右。如果播种较密，分苗应早些；播种密度较稀时，可适当晚些，但最好在幼苗3片真叶前分苗，以免影响花芽分化。分苗时切断主根，有利于侧根的发生。经分苗，苗间距扩大，幼苗有足够的空间

生长茎叶，有足够的床土生长根系，植株生长健壮，开花结果早，产量高。

（2）分苗方法　分苗前要准备好分苗床和营养土。营养土和育苗床土相同。分苗前 1 天，育苗床内要浇透水，即“起苗水”，以利于起苗时少伤根，多带宿土。幼苗起出后，应随即放入预先准备的容器内，防止幼苗受冻或失水，并立即运至移苗床栽植。分苗应选晴朗无风天气，在上午 9 时至下午 3 时进行。分苗时按株行距 10 厘米 × 10 厘米每穴 2 株，2 株苗应大小、栽植深浅一致，子叶露出地面。栽后浇水，水量不宜太大。有的地方采用“坐水分苗法”，即先按行距开沟，用小勺浇水，按穴距分苗，水未渗完，苗已栽齐，然后覆土封沟。此分苗法地面不易板结，且浇水量小，有利于提高地温，但在缓苗后应及时浇水。如在阳畦内分苗，应边分苗边盖严塑料薄膜，以保温保湿，促进缓苗。普通苗床的幼苗也可分苗于营养钵中。以等距落水点播的方式育苗，苗距、苗量较大时，可不分苗，采用间苗的方式，去掉弱苗、病苗即可。以营养钵或育苗盘方式育苗，不进行分苗，但可倒钵，加大苗间距。

（3）分苗后的管理

①温度管理　分苗后的 7 天内，为促进根系生长、缩短缓苗时间，要求有较高的温度，白天保持 25℃～30℃、夜间 18℃～20℃，地温 18℃～20℃。7 天后开始发根，新叶生长，为防止幼苗徒长，促进花芽分化和培育壮苗，要通风降温，白天保持 20℃～25℃、夜间 15℃左右，地温 16℃～18℃。定植前 10～15 天开始炼苗，加强通风降低温度，白天保持 15℃～25℃、夜间 5℃～15℃，以提高幼苗定植后对环境的适应能力，缩短缓苗时间。随着外界温度的升高，逐渐加大通风量，至定植前 5～7 天，将塑料膜或苗床窗全揭开，以适应露地栽培的生态环境。

②水分管理　分苗床的水分管理也是培育壮苗的关键措施之一。采用地苗床分苗的，分苗后未长出新根之前不宜浇水。新叶开始生长时，由于气温升高，床土水分蒸发较快，应适当浇水。此期

如果缺水或控水过度，会形成老化苗，并严重影响花芽分化。浇水量宜小，浇水后应及时中耕，中耕4～5厘米深，以不伤根为度，以利于增温、透气和保墒。定植前，应适当控制水分。营养钵育苗，分苗后以浇透营养钵为度，不能大水漫灌。

③光照管理　分苗后外界光照强度逐渐增强，光照时间也逐渐延长。在保证幼苗不受冻害的情况下，要尽量早揭晚盖苗床上的覆盖物，甚至揭除部分或全部薄膜，以延长幼苗光照时间，增加光照强度。

④养分管理　苗床施肥应以基肥为主，控制追肥，特别是在分苗之前，一般不追肥。如果床土较瘦，幼苗出现缺肥症状，应及时追肥，追肥最好与浇水结合进行。追肥应在晴天无风的上午10时至12时或下午3时后进行，一般用充分腐熟的人粪尿或畜禽粪尿，滤除粪渣，加水稀释成10～20倍液。追施时淋在幼苗茎叶上的粪液，最好随即用清水洗掉，防止造成焦叶和发病。浇粪后必须开窗、揭膜通风，使幼苗茎叶上的水分蒸发，并排出氨和硫化氢等气体，避免秧苗受毒害。阴雨天和寒冷来临前，不可追肥。注意追肥最好不用化肥，以免引起烧苗。

分苗后，如果分苗床基肥不足，幼苗下部叶片发黄脱落，应及时追肥浇水，追肥后及时中耕。也可叶面喷施0.1%～0.2%尿素溶液或0.2%磷酸二氢钾溶液。

6. 囤　苗

采用地苗床分苗的辣椒幼苗，需在定植前进行囤苗。即在定植前4～6天，先在苗床内充分浇水，浇水后第二天切坨起苗，将带土坨的幼苗整齐码入苗床，土坨间的缝隙用细土填充，周围用湿土围封，防止水分蒸发。起苗后原地囤苗3～5天，目的是促进幼苗发生新根，提高幼苗的抗逆性，以利于定植后加速缓苗。这是因为起苗时切断了幼苗的根系，通过囤苗促使幼苗长出许多新根，幼苗定植后，这些新根能立即吸收水分和营养，减少缓苗的时间。但囤苗时间不宜过长，否则土坨干硬，叶片脱落，根系老化，反而对定植后的缓苗不利。

采用营养土方育苗，在分苗缓苗后，应根据幼苗生长情况进行土方搬苗。将大苗搬到温室北部温度稍低的地方，将小苗搬到温室南部温度稍高的地方，以消除局部温差对幼苗生长的影响，使幼苗生长整齐一致。搬苗时，土方要码放整齐，土方间的缝隙要用细土填充，以利于保温保墒。搬苗还可使幼苗的根系集中在土方中生长，减少定植时伤根，加速定植后的缓苗。搬苗一般进行 2～3 次，每次搬苗后都要浇水，并适当提高苗床温度。采用营养钵育苗，需根据幼苗生长情况随时进行搬苗，将大、小苗的位置对调，使幼苗生长整齐一致。

7. 壮苗特征

从播种、出苗至移苗，对苗床进行温度、湿度、光照、肥料等管理，其目的是培育壮苗。壮苗通常指生长健壮、无病虫害、生活力强、定植后能适应栽培条件的优质丰产苗。辣椒壮苗的特征：茎秆粗壮，节间较短，叶片大而厚，叶色正常，子叶及下部叶片不易过早变黄而脱落，幼苗根系发育良好，须根发达，幼苗生长整齐。壮苗定植后活棵快，发棵大，生长旺盛且抗逆性强，可以适当早定植。由于其花芽分化早发育好且花数多，定植后开花早、结果多，果实膨大快，因而可以获得早熟丰产。辣椒壮苗的生理特征：一是光合作用能力强，体内碳水化合物积累多，苗的生理活动和吸收力强，故有利于新根的发生和花芽分化。二是植株体内碳水化合物的绝对含量高，原生质的黏度较大，苗体内束缚水的含量较高，自由水的含量相对较低，有利用幼苗定植后保持体内的水分。

苗龄是鉴别幼苗素质优劣的重要指标之一。壮苗的苗龄应适当，既不宜过长，也不宜过短。常用的苗龄表示方法有生理苗龄和日历苗龄两种。前者用叶龄如子叶苗、真叶苗等表示；后者用从播种到定植所经过的育苗天数表示。两种方法各有利弊，生产上以同时用两种方法表示苗龄为好。此外，幼苗适宜的日历苗龄与育苗方式密切相关，采用加温育苗时其日历苗龄短，冷床育苗时其日历苗龄长。辣椒加温育苗苗龄为90～100天，冷床育苗时为140～160天。辣椒幼苗应具分杈，带大花蕾或少数已开花，苗高15～20厘米。一般而言，苗龄较长的大苗要比苗龄短的小苗开花结果早，并可延长对适宜生长季节的利用时间，因此辣椒早熟栽培应尽量培育大苗。

六、辣椒育苗常见问题

辣椒育苗期间，除了病虫危害外，还常常出现一些问题，不仅影响培育壮苗，还影响种植计划的落实。及时预防苗期常见问题，对保证全苗、培育壮苗十分重要。

1. 出苗障碍

（1）土壤板结 土壤表面干硬结皮，称为土壤板结。板结阻碍了土壤内部空气和土壤内外空气的流通，使土壤中氧气缺乏。播种后苗床土壤板结，种子发芽和幼根生长过程中呼吸作用不畅，从而妨碍了种子正常发芽生长。同时，土表板结后，幼苗被板结层压住，不能顺利钻出土面，致使幼苗茎细且弯曲，子叶发黄，成为畸形苗。引起土面发生板结的原因有两个方面：一是育苗土质过于黏重，腐殖质含量少，土壤结构不良。生产中在配制育苗营养土时，应根据土壤质地情况，添入足量腐熟的牛粪等能使土质疏松的有机肥，或增加腐殖质含量高的有机肥比例，可有效防止土壤板结。二是浇水不当。播种前打足底水，播种后至出苗前不浇水是防止土壤板结的措施之一。如果床土太干非浇水不可，可用细孔喷壶洒水，洒水应从苗床的一端开始，顺序洒向另一端，一次浇足，切忌多次来回重复浇，切忌大水漫灌。这是因为较干的土粒受水冲击时不易破碎，而已潮湿的土粒再受水冲击，易破碎，土粒结构被破坏，就造成板结。

（2）出苗迟 催芽的种子播种后4天未出苗或很少出苗，4天后才开始出苗属于迟迟不出苗现象。其原因主要有：①苗床温度偏低。当苗床温度低于 15℃时，辣椒种子出苗缓慢，出苗期延长；温度低于 10℃时辣椒种子几乎停止发芽。生产中应采取苗床增温措施，使苗床土壤温度达到辣椒种子正常发芽的适宜温度 20℃～30℃。②播种太浅或太深。辣椒种子的适宜覆土厚度为 0.5～1 厘米，少于 0.5 厘米时，种子易落干，种芽因吸水不足而延缓出苗；播种过深时，因辣椒种子较小，种芽顶土能力较弱，幼苗出土所需时间相对延长。③底水不足。特别是在高温期播种，如果播种前浇水不足，种子会因供水不足出苗缓慢。④畦面板结。播种后防雨等措施不当，苗床畦面板结。板结一方面引起土壤氧气不足，导致种胚生长缓慢，延迟发芽；另一方面表土变硬，辣椒种子顶土阻力增大，出苗时间相对延长。⑤种子质量较差。一般陈种子、发霉或受潮种子比新种子、正常种子发芽出苗时间长，播种前应注意检查种子的质量。

（3）**出苗不齐**　播种后种子先后出苗的时间差异太大，即为出苗不齐。造成出苗不齐的原因主要有：①新、陈种子混播。陈种子的发芽力较新种子弱，出苗时间较新种子晚。②播种深浅不一致。播种浅的种子先出苗，播种深的种子则出苗较晚。播种深浅差异越大，种子出苗时间差异也越大。③苗畦内环境不一致。因浇水保温等原因造成苗畦内土壤湿度不均，温度不一致。温度较高、湿度适宜的地方，种子出苗比较快，出苗早；而温度偏低、水分不足的地方则出苗较慢。④种子成熟度不一致。充分成熟的种子发芽力较强，出苗快，出苗早；而未充分成熟的种子则发芽力弱，出苗慢，出苗所需时间长。

（4）**“戴帽”出土**　辣椒苗带着种皮出土叫“戴帽”出土，表现为子叶被种皮夹住，难以伸展，严重妨碍光合作用，影响辣椒苗正常生长。床土湿度不够或播种后覆土太薄，是出现“戴帽”出土的主要原因。播种时要灌足底水保持床土湿润。播种后覆土厚度以 1 厘米为宜，覆土要均匀，覆土后及时盖膜。幼苗顶土并即将钻出地面时，如果天晴，可在中午前后喷一些水；若遇阴雨天，可在床面撒一层湿润细土。发育不充实的种子发芽势弱，也是造成“戴帽”出土的原因之一，应注意选择健壮饱满的种子。

2. 沤根和烧根

（1）沤根　沤根是一种生理性病害。在育苗技术低下、管理粗放、气候条件不良的地方容易发生。发生沤根的幼苗，根部不发生新根，原有根的根皮发黄，逐渐变成锈色而腐烂。沤根初期，幼苗叶片变薄，阳光照射后随着温度的升高、蒸发量的增加，萎蔫程度逐渐加重，很容易拔掉。

沤根多发生在幼苗发育的前期，陕西关中地区多在2～3月份发生，北方地区多在3～4月份发生。沤根与气候条件有密切关系，幼苗生长前期，若遇连续阴雨或降雪天气，苗床温度低，床土湿度高，再加光照不足、通气排湿不及时，氧气供应减少，幼苗的生理活性降低，根系活动能力减弱，引起沤根。

防治沤根的措施：首先选择地势高燥、排水良好、背风向阳的地方作育苗床地。床土中增施有机肥料，提高磷肥比例。出苗后要注意在连续阴雨天气搞好通风换气，撒草木灰降低床内湿度，用双层塑料膜覆盖并在夜间加盖草苫提高温度。有条件的还可采用电热线加温育苗，或喷施土壤增温剂，提高温度，加速根系发育，促进幼苗健壮生长。

（2）烧根　多发生在幼苗出土期和出土后的一段时间。发生烧根与床土肥料的种类、性质、多少有关，也与床土水分和播种后覆土厚度有关。苗床培养土中如果施肥过多，尤其是氮肥过多，肥料浓度高，就会产生一种生理干旱性烧根现象。床土中若施用未腐熟的有机肥料，灌水和覆盖塑料薄膜后，地温显著增高，促进有机肥料发酵腐熟。在有机肥发酵腐熟过程中，产生大量的热量，使根际土温剧增，导致烧根。若床土施肥不均，床面整理不平，灌水不匀，或灰粪覆盖种子，使床土极度碱化，也会造成烧根。另外，播种后覆土太薄，种子发芽生根之后，床内温度高，表土干燥，也易形成烧根或烧芽。

防治幼苗烧根的措施：苗床施用充分腐熟的有机肥，氮肥施用不能过量，灰肥适当少施。肥料要同床土拌和均匀，整平畦面，使床土虚实一致，并灌足底水，播种后保证覆土厚度适宜，从而消除烧根的土壤因素。出苗后发生烧根现象，要选择晴天中午及时浇灌清水，以稀释土壤溶液浓度，随后覆盖细土，封闭苗床。中午对苗床遮阴，促使发生新根。

3. 高脚苗和僵化苗

（1）高脚苗　幼苗徒长造成高脚苗，是苗期常见的生长发育失常现象。徒长苗易遭病菌侵染，缺乏抗御自然灾害的能力，花芽分化及开花期后延，而且花的素质不好，容易造成落蕾、落花、落果，定植大田后缓苗慢，最终导致减产。高脚苗的特征为：茎秆细高，节间拉长，棱条变得不明显，茎色黄绿，叶片质地松软，叶片变薄，色泽黄绿，根系细弱。

晴天苗床通风不及时，苗床温度偏高、湿度过大，播种密度或定苗密度过大，氮肥施用过多等，是形成徒长苗的重要原因。此外，阴雨天过多，光照不足也容易形成徒长苗。

防治高脚苗的措施：依据幼苗各个生育阶段要求的适宜温度及时通风降温，尤其是晴天中午更要注意通风。苗床湿度过大时，除加强通风排湿外，在育苗初期还可采取撒细干土排湿。及时间苗定苗，使幼苗避免拥挤。在光照不足的情况下，应适当延长揭膜见光时间。如已有徒长现象，可用 2 000 毫克 / 升矮壮素溶液进行叶面喷雾，一般苗期喷雾 2 次即可获得有效防治。

（2）僵化苗　僵化苗又叫小老苗，是苗床管理不良和苗床结构不合理造成的一种生理性病害。幼苗生长发育很慢，苗株瘦弱，叶片黄且小，茎秆细且硬，并显紫色。苗龄虽然不大，但看起来好像老化的秧苗一样，故又叫“小老苗”。

苗床土壤施肥不足，肥力太低，尤其是氮肥缺乏；土壤干旱、质地黏重等不良栽培因素是形成僵化苗的主要原因。另外，土壤透气性好，但保水保肥性很差，如沙土地育苗，更容易形成小老苗。

育苗床上的拱棚高度太低，也易形成小老苗。

预防僵化苗的措施：首先应选择保水保肥性好的壤土作为育苗床地。在配制床土时，既要施足腐熟的有机肥料，还要施足幼苗发育所需的氮、磷养分，尤其是氮素肥料更为重要。其次应灌足底水，并及时灌好苗期水，使床内土壤水分保持在田间最大持水量的70%～80%。

4. 烧　苗

烧苗现象发生快，受害重，几个小时就可造成辣椒苗整床的死亡，给生产带来很大损失，有时不得不更改种植计划。烧苗之初，幼苗变软、弯曲，进而整株叶片萎蔫，幼茎下垂，随着高温时间的延长，根系受害，整株死亡。

烧苗多发生在气温多变的育苗中期，前期气温低，后期气温高但白天全揭膜，一般不易发生烧苗。在晴天的中午若不及时揭膜通风降温，温度会迅速上升，当苗床温度高达40℃以上时，容易产生烧苗现象。另外，烧苗还与苗床湿度有关，苗床湿度大烧苗轻，湿度小烧苗重。

防治烧苗的措施：经常注意天气预报，晴天苗床适量通风，使床温白天保持在20℃～24℃。发生烧苗现象，要及时进行苗床遮阴，待床温降到适温时开始逐渐通风，太阳西下时揭除遮阳物。据笔者试验，在烧苗出现时，立即浇水，防效最好。注意浇水时不能揭膜，可从苗床一端揭开膜口进行浇水，待床温下降后或翌日再进行正常通风。

5. 闪　苗

在幼苗覆盖生长期，揭膜之后，幼苗很快产生萎蔫现象，继而叶缘上卷，叶片局部或全部干枯，但茎部尚好，严重时会造成幼苗整株干枯死亡。这种现象是在揭膜通风后不久即可发生，好似一闪即伤一样，所以叫“闪苗”。

苗床内、外温差较大，床温超过30℃以上时，猛然大量通风，由于空气流动加速，叶面蒸发量剧增，植株失水过多，形成一种生理性干枯；或者冷风进入苗床，使较高温度条件下的幼苗突然遇冷，也会很快产生叶片萎蔫现象，进而干枯，称为冷风闪苗，也叫“冷闪”。

防止闪苗的措施：注意通风，当床温上升至20℃时，应及时通风；并正确掌握通风量，随着气温的升高，通风口由少到多，通风量由小到大，以使苗床温度保持在幼苗生长适宜范围以内为准。同时，还要准确选择通风口的方位，通风口应开在背风的一面。

第五章
露地辣椒夏茬栽培技术

夏茬辣椒在北方秋淡季蔬菜供应中占有重要地位，也是北菜南运的重要蔬菜之一。该茬辣椒的盛果期正值 8～10 月份，光照充足，易获得丰产。

一、适宜品种

夏茬辣椒主要生长期为炎热多雨的三伏天，高温多雨易引起辣椒多种病害。因此，生产上宜选择耐热、抗病性强（特别是对病毒病抗性强）的中晚熟品种。菜椒生产可选用农大 40 号、农发、牟农 1 号、湘研 14 号、茄门、哈椒 1 号等品种。干椒生产可选用线椒 8819、陕椒 2001、天线 3 号、新椒 4 号、石线 2 号、湘辣 2 号等品种。

二、播种育苗

1. 适期播种

露地育苗，培育苗高 15 厘米、60% 现大蕾、20% 开花的辣椒壮苗需 60 天左右，一般 4 月中旬前后为适播期。若采用营养钵护根育苗，应于 2～3 叶时分苗 1 次。

2. 苗期管理

为减少分苗伤根，一般采用一次播种育成苗的方法，因此一定要稀播，常采用撒播或点播。播种后均匀地覆1～1.5厘米厚的营养土，并在畦面上覆盖地膜，必要时搭设拱棚。出苗后进行间苗，第一次间苗，苗距1厘米；1～2片真叶出现时进行第二次间苗，苗距2厘米；第三片真叶展开时进行第三次间苗，苗距4厘米。在苗床温、湿度管理上，重点抓好3个环节：初期（出苗前）保温防冻，苗床温度保持在25℃～30℃，促进早出苗、出齐苗；中期（苗出土至2～4片真叶展开）去掉地膜，通过通风，合理调节温湿度，白天温度保持在20℃～24℃、夜间15℃～17℃；后期进行幼苗锻炼，加强通风降低温度，白天温度保持15℃～24℃、夜间5℃～15℃，提高幼苗适应性和抗逆性。肥水管理上，2～4片真叶时，如果苗床缺水，应洒水补充，不宜大水漫灌。从第二片真叶展开后，每隔7～10天喷施1次0.1%～0.2%磷酸二氢钾溶液和0.1%～0.2%尿素溶液。4叶期过后，花芽开始分化，对缺水敏感，要及时灌溉。育苗后期适当控水促发根系。

三、适期早定植

1. 整地施基肥

定植前结合耕地每667米^{2}施腐熟农家肥4 000～5 000千克、过磷酸钙40千克、碳酸氢铵80千克、硫酸钾20千克作基肥，深耕细耙。每667米^{2}用40%辛硫磷乳油500克，加水稀释成800倍液，喷施土壤防治地下害虫。按垄距90厘米、垄基宽60厘米、垄沟30厘米、垄高15厘米做栽培垄。高垄栽培有利于防止夏季水淹。

2. 适时定植

辣椒定植的生理适期为显蕾期，但具体定植期还需结合当地气候条件（主要是温度）而定。辣椒定植应在晚霜过后、地温稳定在13℃以上时进行，定植过早温度低，植株根系发育不良，且易受冻害。在适宜条件下，应尽早定植，使辣椒在高温季节来临前提早封垄，以减少病害的发生，提高产量和品质，同时也利于提早上市。华北地区一般在 5 月上中旬，日平均气温达到 12℃～15℃时定植。

在辣椒移栽前 1～2 天，轻浇 1 次起苗水，便于起苗，并可防止移栽运输中秧苗严重失水。为减少起苗和移栽中根系的损伤，应采取带土坨的方式定植。如果是苗床育苗可切土方块定植，纸筒（袋）育苗的可带纸筒定植，用塑料营养钵育苗的在定植时将苗取出定植。无论用什么方式育苗，起苗、定植等操作过程中均应尽可能地保持土坨的完整，以利于定植后的缓苗生长。

四、田间管理

辣椒喜温、喜水、喜肥，同时具有高温条件下易发病、水涝易死秧、肥多易烧根的特点。在整个生长期间要根据不同的发育阶段采用不同的管理方法。

1. 覆　草

盛夏季节，气温高，空气湿度低，土壤蒸发量大，易干旱。为减少土壤水分的大量蒸发，在辣椒封行前和高温干旱还未到时，应在辣椒畦表面覆盖稻草或农作物秸秆等，厚度一般为 3～4 厘米。这样不但能降低土壤温度，减少地面水分蒸发，起到保水保肥的作用，还可抑制杂草丛生，浇水时减少水对畦面表土的冲刷，防止土表板结。进行地面覆盖的辣椒在顺利越夏后，转入秋凉季节，分枝多，结果多，可明显提高产量。注意覆草不能太薄或太厚，太厚不利于辣椒田通风，太薄起不到覆盖的效果。

2. 肥水管理

为促进植株早发秧、早封垄，以形成棵大枝多的丰产架子，定植缓苗后，立即进行 1 次追肥浇水，可每 667 米^2 施腐熟人粪尿 1 500 千克或尿素 15 千克，顺水冲施。直至开花结果前，适当控水，做到地面见湿见干。正常年份应掌握不见门椒不浇水的原则，防止营养生长过旺，引起落花落果。但在干旱年份，应提前到显蕾前后浇水，每次浇水后应中耕松土，破除土壤板结。开花结果期，适当浇水，保持地面湿润。门椒坐住后，植株进入营养生长和生殖生长同步进行的生育旺盛期，此期应加强肥水管理，增施攻果肥，每667米^{2}追施三元复合肥25千克。7～8月份温度高，浇水要在早、晚进行，以降低地温，控制病毒病的发生和蔓延。进入雨季后，要根据天气预报掌握浇水，防止浇后遇雨。降大雨后田间出现积水时要及时排除。高温多雨季节后（如华北地区常在8月初），及时重施缓秧肥，一般每667米^{2}追施硫酸铵30千克，以促进缓秧，防止植株早衰，迎接第二次结果高峰。秋季天气凉爽，日光充足，逐渐适合辣椒的生长，是辣椒第二次开花坐果高峰期，华北地区在8～9月份。此期要加强肥水管理，促使植株发生新枝，多结果，增加后期产量。可每7～8天浇1次水，浇1～2次清水追1次速效性化肥，每次每667米^{2}追施硫酸铵10～15千克。干椒的果实红熟期，则应适当控水，秋雨较多的年份和地区，应停止浇水，并注意排涝；如遇干旱则进行隔行轻度浇水。越夏期及生长后期还可进行叶面追肥，如盛果期喷施0.2%尿素溶液和0.2%磷酸二氢钾溶液，以促进果实膨大。

3. 植株调整

为防止侧枝生长过快影响主枝上开花结果，同时改善田间通风透光条件，生产上常将门椒以下主茎上的叶片和侧枝全部打掉。叶片的抹除，常在门椒坐住后，选择晴天上午露水过后进行；侧枝的抹除，宜在侧芽长至3厘米以前进行。具体实施时，打杈（抹侧枝）和摘叶可同时进行。有些辣椒品种具有无限生长习性，立秋后所结果实大多无法红熟，旺盛生长的枝条易造成群体郁闭，影响果实着色甚至烂果，而且又消耗和争夺养分，所以在生长后期应打掉株冠上枝条的顶梢。

4. 保花保果

门椒、对椒开花坐果期间正值高温多雨时期，很容易出现落花、落果现象。为此当有 30% 的植株开花时，用 20～30 毫克 / 升防落素溶液涂抹花或喷花，3～5 天处理 1 遍，喷花时注意不要把药液喷到茎叶上，天气冷凉后不再做处理。花期喷施 0.2% 磷酸二氢钾溶液也可起到较好的保花保果作用。

5. 适时采收

菜用辣椒一般食用青果，从开花至采收青果（达到食用成熟）为 25～30 天，果实绿色变深且有光泽，即可采收。采收要及时，采收过迟，果实老化，甚至变色，影响食用和品质；但采收过早，果实的果肉太薄，色泽不光亮，影响商品性。辣椒是陆续开花结果，所以要分次、分批采收，门椒等下层果实宜早采收，前期植株生长较弱和生长势较弱的品种也宜早采收，以免果实赘秧，影响上层坐果和上层果实的生长发育而降低总产量。

干制辣椒必须在果实完全红熟又没有干缩变软时采收，也应分次采收，成熟一批采收一批。秋霜到来或拔秧前 10～15 天，用 40% 乙烯利水剂 700～800 倍液喷洒全株，进行催熟，可大大提高红果率。

第六章 中小拱棚辣椒早春茬栽培技术

辣椒中小拱棚早春茬栽培，由于其保温效果略差，比塑料大棚辣椒晚上市30天左右，但比露地辣椒早上市15～20天并增产40%左右。中小拱棚的建材可用细竹竿、毛竹片、荆条、直径6～8毫米的细钢筋，成本低而且建造方便，还可移动换茬。

一、适宜品种

中小拱棚辣椒早春茬栽培宜选择较耐低温、抗病性强的早熟和中早熟品种。甜椒可选用海丰5号、甜杂6号、中椒7号等品种；辣椒可选用湘研19号、中椒10号、京辣4号等品种。同时，还应考虑当地市场对辣椒商品性状的需求。

二、播种育苗

中小拱棚早春茬辣椒生产，定植苗苗龄为90天左右，一般应在12月份播种育苗。育苗期正处于严寒季节，所以多采用温室和塑料大棚育苗，条件较差的地方可采用电热温床育苗和阳畦育苗。为保证定植用秧苗的供应，可适当加大播种量，一般每667米^{2}栽培田，需辣椒种子200克左右。

三、整地施基肥

中小拱棚早春茬辣椒栽培的土地多为冬闲地，要求上茬作物收获后，清除残枝杂草和地表面的遗留物，深翻冻垡。翌年春季，土壤解冻后进行整地。辣椒根系分布浅，对环境条件反应敏感，不耐旱、不耐涝，因此必须精细整地。结合整地每667米^{2}施腐熟优质农家肥5 000千克、过磷酸钙50千克或磷酸二铵30千克，或同时混合施入三元复合肥40千克和钾肥20千克。先将2/3的肥料均匀撒施地面，深翻整平，再将剩余的1/3肥料按行距集中施入。也有一些地方在冬季深翻前即把有机肥施入。根据棚内结构做畦，可做成宽1.2米的平畦，也可做成畦高15～20厘米、畦面宽70厘米、畦沟宽50厘米的高垄。有条件的地方也可在平畦或垄面覆盖地膜，春季中小拱棚生产覆盖地膜比不覆盖地膜温度可提高2℃～4℃。采用小高畦地膜覆盖栽培，需提前覆盖地膜，以烤地增温。

四、适时定植

当辣椒苗株高达到20厘米左右、茎粗0.3～0.5厘米、9～11片叶、80%的苗显蕾时即可定植。定植时要求棚内10厘米地温不低于13℃，夜间最低气温不低于5℃。定植过早易受冻害。单株定植的株距为25厘米，双株定植的株距为33厘米。定植时间在3月中下旬。定植前2周搭建拱棚。拱棚的走向可根据地势、风向等而定，早春西北风较多的北方等地区最好采用南北延长的方向。在栽培畦上用竹竿、荆条等，相隔50～70厘米插一高1～1.5米的中小拱，再盖膜，盖膜后在膜上压拱条，每隔1拱压1拱。压拱条既可防风吹坏拱棚，又便于通风等管理。

根据所用品种的特性确定适宜的栽培密度。一般辣椒中小棚覆盖栽培多用单穴双株栽培，可通过调整株距来调节密度。定植操作

程序为挖坑→放苗→灌水→覆土。一般选晴天的上午和中午定植，下午 4 时以后不宜定植。边定植边扣棚。

五、定植后管理

1. 温湿度管理

定植初期为缓苗期，外界温度较低，栽培管理上以升温保温、促进缓苗和生长为主。定植后的 5～7 天内基本不通风，夜间要盖严草苫保温，白天温度保持在 28℃～35℃，不超过 35℃不通风，夜间温度保持 17℃左右。缓苗后，根据棚内温度情况逐渐通风，通过通风时期、时间长短及通风量大小调节温度，并尽量做到使棚内辣椒受温均匀，白天温度保持 28℃～30℃、夜间 16℃。小拱棚通风开始由两侧斜对通底风，然后再从两头通风。中棚多为两头通风，先一端通风，逐渐变为两端通风。为使中棚上部热气散出而又不致通风口处秧苗受低温影响，可以在通风口下部地面上用塑料膜做高 30 厘米左右的挡风墙，使热气从上部散出。之后棚温白天保持在 25℃～27℃，夜间不低于 15℃。当外界气温稳定在 12℃～15℃时，晚上不盖草苫，并昼夜通风。当外界气温适宜辣椒生长发育时，及时拆除覆盖物。

中小拱棚内的空气湿度影响辣椒授粉受精，适宜甜辣椒坐果的空气相对湿度为 50%～60%。如果棚内空气湿度过大易引起植株徒长，导致落花落果，特别是辣椒生长的前期，高温高湿时易造成门椒坐不住果，所以缓苗后在保证生长适温的情况下要加强通风降湿管理。通风的原则是先小后大，根据天气和植株生长状况灵活进行。通过调整温度和湿度使辣椒植株生长健壮，节间短，坐果多。由于棚内湿度一般均较高，生产中通风降湿对提高辣椒坐果率有重要作用。

2. 肥水管理

定植时应浇定植水，但浇水量不宜过大。定植后 5～7 天辣椒缓苗后，再浇1次缓苗水。如果定植水浇得足，又采用地膜覆盖，可不浇缓苗水。之后连续中耕2次，进行控水蹲苗。这段时间要特别注意蹲苗控制生长，否则高温高湿易造成植株徒长，落花落果，门椒坐不住。门椒坐住后果实长到直径3～4厘米时开始浇水，结束蹲苗。4月份起进入采收期，此期气温逐渐升高，水分消耗较大，要多施肥和浇水。也可结合喷药进行叶面施肥。结束蹲苗时施催果肥，每667米^{2}施硫酸铵或尿素10～20千克。结果前期可8～10天浇1次水，盛果期5天左右浇1次水，隔1次水追1次肥，每次每667米^{2}追施尿素6～8千克、硫酸钾2～3千克或腐殖酸配方肥14～18千克，以攻果壮秧，防止落花、落果、落叶。

3. 植株调整

及时整枝打杈，摘除下部老叶；根据植株生长状况，适时早收门椒和对椒，保持植株有较旺盛的生长势。植株下部（门椒以下）的老叶和侧枝均应及时打去，以改善通风透光条件。

第七章

大棚辣椒栽培技术

一、大棚辣椒春提早栽培

塑料大棚具有结构简单、建造和拆装方便、投资少的优点。利用塑料大棚进行辣椒春早熟栽培，上市时间比露地栽培可提早20～30天，价格高1～2倍。

1. 适宜品种

塑料大棚春提早辣椒栽培，要选择早熟性好、株型紧凑、适于密植、耐低温弱光照又耐热、抗病性强、经济效益好的品种。目前生产中适宜选择的甜椒品种有农乐、甜杂3号、甜杂6号、中椒5号、中椒7号、京甜3号、开椒6号等。牛角形和羊角形品种有中椒10号、洛椒4号、沈椒6号、湘研19号、海丰23号、京辣4号等。

2. 适期育苗

塑料大棚辣椒春提早栽培一般采用温室育苗，育苗时要适期早播，苗龄为80～100天。不同地区的塑料大棚辣椒播种期因气候、定植期等不同而异，具体播种期可根据当地辣椒定植期，减去苗龄向前推算。我国主要城区的辣椒适宜播期为：哈尔滨、呼和浩特、太原等地1月上旬，北京11月下旬至12月上旬，上海11月中旬，南京10月下旬至11月上旬，武汉11月上旬至11月下旬，长沙10月上旬。日光温室育苗最好采用电热温床，否则地温不易满足辣椒苗生长的需要。

催芽后的种子可播于育苗盘中，置于25℃～28℃条件下，3～4天即可出苗。出苗后要降温，白天温度保持在20℃～23℃、夜间15℃～17℃。在温室内育苗畦播种的，为提高地温，底水最好浇30℃～40℃的温水，播后覆土1～1.3厘米厚。分苗前一般不浇水，可覆盖细湿土保墒。幼苗长出2～3片真叶时分苗，分苗后浇水，保证幼苗有足够的水分供应。同时，适当提高温度，经4～5天缓苗后，昼、夜均降温2℃～3℃。定植前10～15天，加大通风量，使夜温降至15℃以下，最低可至10℃，进行低温炼苗。后期通风量大，幼苗蒸腾量也大，应在晴天喷雾补水。

3. 适时定植

塑料大棚春提早辣椒栽培主要目的是争取早熟、早上市、卖个好价钱，所以生产中要育大苗。定植时要求幼苗要显花蕾，株高20厘米左右，12～15片叶，茎粗0.4～0.5厘米。同时，要求大棚10厘米地温12℃～15℃，夜间最低气温不低于5℃，并稳定1周左右。在各方面条件具备的情况下，尽量适时早定植，但定植过早易受冻害，即使没有明显冻害，过低的地温对幼苗生长也不利。长江流域多在3月上旬定植，华北等地一般在3月中下旬至4月上旬定植，东北及西北地区常在4月下旬至5月上旬定植。定植应选择晴天进行，可畦栽也可沟栽，定植后立即浇水。大棚定植密度应小于露地，否则易引起徒长。为便于通风，最好采用宽窄行垄栽，即宽行距66厘米，窄行距33厘米，穴距30～33厘米，每穴1株，每667米^{2}栽植4000株左右。定植密度还要根据品种特性而定，对生长势较旺、开展度较大、叶量较多的品种可适当稀植；相反，对生长势相对较弱、叶量较少的品种可采用双株定植，适当密植。

4. 田间管理

（1）温湿度管理 定植初期为缓苗期，大棚田间管理上以升温保温、促进缓苗和生长为主。刚定植的5～6天内密闭大棚，夜间棚外四周围草苫保温防寒，棚温白天保持28℃～30℃，不超过35℃不通风，夜温尽可能达到并保持18℃～20℃。缓苗后要降低棚内温度，以防徒长，白天降至 20℃～28℃，超过 30℃必须通风，夜温以 16℃为宜。适宜辣椒坐果的空气相对湿度为 50%～60%，湿度过大不利于辣椒花粉的散出，影响授粉受精。如果棚内空气湿度较大，温度又较高，易引起植株徒长，导致落花落果。高温高湿通常导致门椒坐不住果，从而又进一步加剧了植株的徒长，如果管理不当，全株一果不结，形成“空秧”。所以，在保持适宜温度的前提下，必须加强通风，降低棚内温湿度。温湿度调控是通过调节通风时间和通风口的大小来实现的。通风的原则是先小后大，先中间后两边，根据天气和植株生长状况灵活进行。辣椒开花坐果的适宜温度为 20℃～25℃，开花坐果盛期外界气温逐渐升高，要使棚内保持适温，须有较大的通风量和较长的通风时间。通过调控温湿度使辣椒植株生长健壮，节间短，坐果多。当外界气温夜间达到 15℃以上时，应昼夜通风。进入炎夏高温季节，可将塑料薄膜揭去或将棚四周薄膜掀起。如长江流域在5月中下旬可全部撤除薄膜；东北、西北及华北地区夏季较凉爽，6 月中旬将大棚四周薄膜掀起，使之成为天棚状，进行越夏栽培。

（2）**肥水管理** 辣椒定植前期，应适当控制浇水，以协调营养生长与生殖生长的关系，促进早结果，提高早期产量。由于大棚内水分蒸发量比露地小，地膜覆盖使水分蒸发量更小，故定植时浇水量不宜太多，以免地温过低，影响缓苗。定植 4～5 天后可再浇 1 次缓苗水。大棚内地膜覆盖栽培的第二次浇水时间一般应在第一次浇水（定植水）后的 20 天左右。没有地膜覆盖的，当土壤干旱时，可浇 1 次水但要深中耕，之后进行蹲苗。待绝大多数植株门椒坐住并长至直径 4 厘米以上时开始浇水追肥，结束蹲苗。多追施农家肥及磷、钾肥，有利于丰产和提高果实品质。每次每 667 米^{2}追施硫酸铵或尿素 10～20 千克。以后根据天气和植株生长情况浇水，保持土壤湿润。结果前期隔 1 次水追 1 次肥，每次每 667 米^{2}追施尿素 10 千克、过磷酸钙 20 千克或三元复合肥 15 千克（交替施用）。盛果期更不能缺肥，可结合喷药用 0.3%～0.5% 磷酸二氢钾溶液进行叶面施肥。外界气温较高时，蒸发量大，隔 6～7 天浇 1 次水。撤膜前浇 1 次大水，向露地栽培过渡。

（3）**光照管理**　塑料大棚春提早辣椒生产，塑料膜在起到保温作用的同时，减弱了一定的光量，棚内光照往往不足。因此，在温度得到保证的前提下，尽可能白天早揭膜，中午加大揭膜量，晚上延迟盖膜。棚膜上尘埃要经常扫除，内膜上的水汽每天要擦 2～3 次，以提高棚膜的透光率和透光度。夏季高温季节，可以采用废旧编织袋、竹苫、遮阳网等方法进行遮阴，在减少光照强度的同时可降低大棚内的温度，使辣椒健壮生长。

（4）**植株调整**　大棚辣椒栽培生长较露地栽培旺盛，株型高大，不仅影响植株通风透光，还可能导致茎叶徒长，不利于开花结果。因此，大棚栽培辣椒必须进行必要的植株调整。一般在门椒坐住后，将分杈以下的叶和枝条全部除去，促使上部多结果；生长中期及时打掉底部老叶、黄叶和细弱侧枝，以利于通风透光，减少病害发生。植株调整宜选择晴天进行，有利于伤口愈合。有的品种会发生倒伏现象，要及时在行间设简单支架绑缚支撑。炎夏过后，结果已到上层，结果部位远离主茎，植株趋向衰老，果实营养状况恶化。此时，要对植株修剪更新，方法是在天气冷凉前 20 天左右，对植株多次打顶掐尖，避免产生新的花蕾，促使下部侧枝及早萌发。修剪时从第三层果（四门斗）果枝的第二节前 4.5～6 厘米处短截，弱枝宜重，壮枝宜轻，修剪后叶面积将减少 3/4。修剪一般于上午 9 时进行，以利于伤口能在当天愈合。修剪后可喷 70% 甲基硫菌灵可湿性粉剂 1 000～1 200 倍液防治病菌感染，并加强肥水管理促进新枝的生长和开花坐果。

（5）**保花保果**　用植物生长调节剂或保花保果药剂喷、蘸花，对大棚辣椒的保花保果有重要作用。在辣椒初花期，每 667 米 ^{2} 用甲哌鎓可溶性粉剂 5 克加水 50 升，均匀喷洒植株 1～2 次，以降低株高，促进坐果，增加前期产量和总产量。在开花期每隔 1 周喷 1 次 20～50 毫克 / 升萘乙酸溶液，有利于防止落花落果，提高前期产量；用 40 毫克 / 升的防落素溶液喷洒花朵，有利于保果。用植物生长调节剂处理后，应加强肥水管理，促进果实生长发育。

（6）**适时采收**　辣椒开花后 25～35 天即可收获青果。采收要及时，特别是门椒和对椒，既可增加前期产量，又可防止赘秧而影响植株生长和上部开花坐果，特别是植株生长较弱或生长势较弱的品种，更要及时采收门椒和对椒。若植株生长较旺，特别是发生徒长的植株，可以适当晚收获，通过以果压株的措施控制植株生长。

二、大棚辣椒秋延后栽培

塑料大棚秋延后辣椒栽培，可显著延长辣椒的供应期，如果结合简易贮藏，可供应元旦和春节市场，获得较高的经济效益。北方地区秋末气温下降快，辣椒秋延后栽培，适合生长的时间较短，辣椒产量较低，栽培面积较少。

1. 适宜品种

大棚秋延后辣椒栽培，宜选择前期耐高温、中后期耐低温、抗病性强（主要是抗病毒病）、丰产性好、较耐贮运的中早熟品种。辣椒主栽品种有海丰 23 号、京辣 4 号、千里马、湘研 16 号等，甜椒主栽品种有中椒 7 号、京甜 3 号、中椒 11 号等。

2. 播种育苗

大棚秋延后辣椒栽培的播种期较严格，播种过早，苗期高温多雨，幼苗易徒长和发生病毒病；播种过晚，生长期不够，影响产量和品质。华北地区一般在 6 月底至 7 月初播种，长江中下游地区可在 7 月中下旬播种。

此茬辣椒播种育苗期间气温高、雨水多，易发生病毒病等多种病虫害，生产上必须采用遮阴和网纱隔离育苗。在播种前 10 天，每平方米床土喷洒 40% 甲醛 150～200 倍液 50 克，喷后盖膜闷棚 2～3 天。播种前用 10% 磷酸三钠溶液浸种 20～30 分钟进行消毒。大棚辣椒秧延后栽培育苗一般采用直接播种，不进行浸种催芽，以免烂籽或出苗不好。播种前苗床或育苗盘浇足底水，播种时适当稀播，播后覆土厚1厘米。然后在苗床上用竹弓做拱架，竹弓两端插在苗床畦埂外侧，弓高1米，拱架上覆遮阳网。平时可将四周网膜卷起通风，下雨时放下，防止雨水溅灌苗床。当幼苗2～3片真叶时，选晴天傍晚或阴天分苗。起苗时尽量避免伤根。分苗床也要架设遮阳网。床土要保持湿润透气，浇水宜在清晨或傍晚进行。

3. 适时定植

（1）整地施基肥　大棚秋延后辣椒栽培，应在前茬作物收获后，立即清洁田园，进行耕翻、碎土和平地。整地要细致，否则水分散失快，不耐旱。耕翻前，如土壤太干，可先浇水湿土，然后做畦或起垄，一般采用高畦栽培，畦高15厘米左右。在畦内或垄内施基肥，每667米^{2}可施猪粪4 000千克或饼肥150千克、氯化钾10千克、三元复合肥25千克。

（2）扣遮阳棚　定植前对整好畦或起垄的地块，在大棚（竹木结构、竹木水泥混合结构或装配式）骨架上扣上遮阳网或其他遮阳覆盖物，以遮阴降温。

（3）适时定植　定植苗的苗龄不宜太大，一般以苗龄35天左右、幼苗8片叶左右为宜。定植时用20%噁霉·稻瘟灵（移栽灵）乳油500倍液＋25%噻虫嗪水分散粒剂2 000倍液，给幼苗蘸根，有预防病虫危害的作用。在阴天或晴天的傍晚进行定植。采用双株定植，株行距为40厘米×40厘米。为防止秧苗失水萎蔫，应边栽边浇定植水。长江中下游地区一般在8月下旬定植，华北地区在8月上旬定植。刚定植时，气温高，阳光强，应在大棚上覆盖遮阳网进行遮阴。

4. 田间管理

（1）温湿度管理　辣椒定植后至9月份前，白天气温高于30℃，空气干燥，对辣椒生长不利。此期应支起棚架覆盖遮阳网，遮阴降温，并通过加强灌水来降低地温，增加湿度，满足辣椒生长对环境条件的要求。华北地区9～10月份，长江流域10月份至11

月中旬，白天气温在28℃以下、夜温在15℃以上时，应及时撤去遮阳网。当白天温度在15℃以上、夜温在15℃以下时，应扣棚覆盖塑料薄膜。扣棚时间一定要适宜，需根据当地的气候条件灵活掌握，华北地区一般在9月中旬，长江流域在10月上中旬。扣棚初期温度较高只扣上顶膜，底围膜以后再上，以利于通风降温。气温进一步下降时，可将底围膜扣上，白天揭开通风口通风降湿，夜间仍需留通风口。当外界白天气温下降至15℃以下时，夜间需将全棚扣严进行保温，仅在白天通风。华北地区在10月底至11月初，长江中下游地区在11月中旬后，夜间最低温度可降至5℃，为延长辣椒的采收供应期，可采取大棚内再搭小拱棚，小拱棚的薄膜白天揭、晚上盖。第一次寒流来临时，晚上可在薄膜上加盖草苫进行保温。但在中午天气好时仍应进行短时间（10～30分钟）的通风换气，以降低温湿度。

（2）**肥水管理**　9月份以前的高温季节每隔2～3天浇1次水，保持土壤湿润。定植初期，植株生长量不大，外界气温又高，不宜追肥，尤其不宜追施人粪尿，必须追肥时，只能追施少量速效性化肥。高温季节偏施氮肥，易造成茎叶徒长，引起大量的落花落叶，并使结果期推迟。9月份要加强肥水管理，可结合浇水，每667米^{2}追施硫酸铵15千克或尿素10～15千克，以促进坐果。当辣椒大量坐果后，植株需肥量增加，可结合浇水每667米^{2}追施磷酸二氢钾10千克，促进果实膨大。10月份扣棚后浇水量适当减少，以土壤偏干为宜。12月份以后尽可能少浇水或不浇水，以防发生病害和冻害。

（3）**光照管理**　9月份以前光照太强，通过遮阳网覆盖进行遮阴降温。当白天温度在28℃以下、夜温15℃以上时，应及时撤去遮阳网，增加光照，否则会因光照不足，导致植株生长过弱、叶片薄、茎细长，而影响坐果。在11月中旬以后，气温下降覆盖草苫，注意每天白天要揭开草苫，尽量让植株多见光。12月份以后，日照时间短，要尽可能让植株多见光，要经常擦除棚膜上的水滴和灰尘，保持大棚薄膜的清洁度，增加薄膜的透光率。

（4）植株调整 高温季节如果植株生长旺盛，可将第一层果以下的腋芽全部摘除；如果植株生长势弱，可将第一层花蕾及时摘掉，促进植株营养生长，保证上层花能坐住果。10月份果实膨大期，对嫩梢、无效枝条要及时摘除，减少养分消耗。

（5）保花保果 高温季节偏施氮肥，易造成茎叶徒长，引起大量落花落叶，推迟结果期。因此，定植初期，外界气温高，不宜追施人粪尿和氮肥。

（6）适时采收 当外界气温较低时，为防止果实受冻而影响贮运，一定要适时采收。华北等地区 11 月上旬应全部采收完毕，否则会受冻害。长江中下游地区可采收至 11 月下旬，如果大棚内套小拱棚，并在晚上覆盖草苫保温，正常年份辣椒可安全越冬。进行贮藏的辣椒，应采用剪刀剪断果柄，并注意果实不能受损伤，更不能受冻害。

第八章

日光温室辣椒栽培技术

一、日光温室辣椒越冬一大茬栽培

日光温室越冬一大茬辣椒栽培，是指在日光温室栽培条件下，秋季播种，春节前后开始供应市场，一直可采收至翌年 6 月份的辣椒生产模式。

越冬一大茬辣椒栽培，开花结果期正处于严寒季节，要求日光温室具备良好的采光和保温性能，一般需采用节能型日光温室和保温性能好的聚乙烯或聚氯乙烯无滴薄膜透明覆盖材料，并在夜间加盖保温被或增加草苫层数，草苫外还需再覆盖塑料薄膜（也称防寒膜），以增加保温性能，使温室内极端温度不低于 10℃。

1. 适宜品种

该茬辣椒宜选用耐低温、弱光，抗病性强，早熟丰产的优良品种，如津椒3号、洛椒6号、辽椒6号、陇椒1号、绿丰、湘研4号、湘研 11 号、苏椒 5 号等。

2. 播种育苗

辣椒越冬一大茬栽培的播种适期因地而异，一般要求辣椒定植后，在入冬前已开花并坐稳果，以充分利用入冬前有利的温度和光照条件。京津地区、河北中南部、陕西西安等地区为 8 月下旬至 9 月上旬，辽南地区为 8 月中旬至 8 月下旬，兰州地区为 7 月中旬。播种过早，高温多雨，易发生病虫害；播种过晚，正值严冬期间开

花，不易坐果。育苗前期可适当遮阴防雨，育苗后期可逐渐去除遮阳物。

3. 整地定植

越冬一大茬辣椒生长期长，需肥量大，应多施深施有机肥，少施速效肥。一般每667米^{2}施充分腐熟有机肥8 000～10 000千克、过磷酸钙100千克、硫酸钾20～30千克、饼肥150～200千克。可采取地面普施和开沟集中施相结合的方法。结合施肥深翻地25厘米以上，整地起垄时，若进行常规栽培，可按60厘米×40厘米的大小行距起垄；若进行长短期相结合的栽培方式，则按40厘米行距起垄，垄高20厘米。大行距垄间留1条灌溉渠，深20厘米，用于冬季膜下暗灌。

温室辣椒栽培定植适期一般为日历苗龄45天、幼苗带花蕾。常规起垄栽培的，每垄栽2行，垄内行距40厘米，垄间行距60厘米，穴距25厘米，每穴栽2株；长短期栽培的，按2个主行垄、1个副行垄的方式栽培。主行垄用于长期栽培，按40厘米间距开穴，每穴栽1株；副行垄用作短期栽培，按30厘米开穴，每穴栽2株，定植顺序是先栽副行、后栽主行。栽植时穴内先浇水，然后栽苗覆土，全部栽植完成后顺沟浇大水。

4. 田间管理

（1）肥水管理　定植时浇足定植水和缓苗水，之后适当控制浇水，促进坐果。在第一层果坐住、并已有2～3厘米大小时及时浇水，随灌溉水追施催果肥，每667米^{2}可追施尿素15千克或硫酸铵20千克，随水灌入地膜下的暗沟中。进入盛果期，辣椒发秧和结果同时进行，是肥水需求的高峰期。在对椒坐住后，结合浇水，进行第二次追肥，每667米^{2}随水冲施尿素20千克、硫酸钾10千克。12月下旬至翌年2月中下旬为低温弱光期，如果不是特别干旱，则要少浇水，可15天左右浇1次水。冬季浇水可选择在连续晴天的“暖头”进行。开春后，温光条件转好，一般每周浇水1次，隔1水追肥1次，每667米^{2}每次追尿素15千克左右，还可每隔1～2

周进行 1 次叶面喷肥，可用 0.2% 磷酸二氢钾溶液和 0.2% 尿素溶液或复合微肥 500 倍液。

（2）光照管理 严冬时节光照时间短、光照强度弱，温室内光照条件往往难以满足辣椒生长的需要，所以增加光照强度是增产的重要措施。增加光照强度的措施主要有：①选择透光率高的聚氯乙烯无滴膜覆盖温室，每天揭毡后及时清扫膜面的草屑和灰尘。②在温室后墙处张挂反光幕，并不断调整张挂高度和角度，保持最好的反光效果。如无反光幕，也可用石灰将温室后墙及东西墙涂白，具同样的反光作用。③在保证温度的前提下，尽可能早揭晚盖草苫，以延长光照时间。阴、雨、雪天也要正常揭苫。

（3）温度管理 定植后 5～6 天，白天温度保持在 28℃～30℃、夜间 18℃～20℃，不超过 35℃不通风，以利缓苗。温度超过 35℃时从屋脊部开始打开通风口。心叶开始生长表明已缓苗成活，应开始通风降温，白天温度保持在 25℃～28℃、夜间 17℃左右，以利花芽分化。以后随着外界温度降低，逐步减少通风量，缩短通风时间。进入 11 月份，外界气温逐渐降低，温室夜间应加盖草苫保温，温度白天保持 25℃以上、夜间 15℃以上。进入 12 月份后，外界气温更低，一般只在中午短时通风，夜间应注意防冻。翌年 1 月份应采取升温增温措施，室内加 1 层保温幕（或叫二道幕），恶劣天气可采取临时加温设备加温，使室内温度不低于 13℃。翌年 3 月中旬以后，外界气温升高，要注意通风严防室温过高，特别是夜间高温会使植株衰弱，病害加重，造成减产。

（4）补施二氧化碳气肥 二氧化碳是辣椒进行光合作用制造养分必不可少的原料之一，也称之为“气肥”。冬季低温季节，为了保温，温室常处于相对密闭状态，日出后随着植株光合作用的增加，温室内二氧化碳被植株消耗，浓度下降很快，在不通风的情况下显著低于室外浓度（300 微升 / 升），远远不能满足辣椒光合作用的需要。

一般在开花结果期施用二氧化碳效果较好。施用时间为每天上午拉开不透明覆盖物 0.5～1 小时后，追施二氧化碳气肥 2～3 小时，通风前 0.5～1 小时停止施用，每天施用 1 次。施用浓度为冬季每立方米 800～1 000 毫升，春季每立方米 1 200 毫升，阴天浓度可降低一半，雨天不施用。二氧化碳气肥来源主要有：①有机物发酵产生二氧化碳。在温室的地面铺一些碎稻草或麦糠等有机物，经微生物分解产生二氧化碳，1 吨有机物可产生约 1.5 吨二氧化碳。②燃烧法产生二氧化碳。采用天然气灯、白煤油等二氧化碳发生器补施。③化学反应产生二氧化碳（常用）。目前，主要采用碳酸氢铵和硫酸反应产生二氧化碳。一般每 667 米 ^{2} 均匀悬挂 30～50 个塑料容器，悬挂高度 20～100 厘米（与植株生长点平行）。使用前先将浓硫酸按水∶酸＝ 3 ∶ 1 进行稀释。田间释放时先定量放好硫酸溶液，再将碳酸氢铵加入硫酸中。加入时注意不要过猛，以免泡沫四溅。④液态二氧化碳直接释放。可采用酿造和酒精工业的副产品液态二氧化碳，经压缩装在钢瓶等容器内，在保护地内释放或经管道释放。

（5）植株调整 日光温室越冬一大茬辣椒生育期长，植株高大，若按传统的不整枝管理，不易保持植株长期旺盛地生长势，果实也不能充分生长，影响产量和质量。生产过程中要及时打掉门椒以下的侧枝和老叶。对相互拥挤的枝条及徒长枝（节间超过 6 厘米）应尽早剪掉。由于植株高大，为防止倒伏，可用塑料绳牵引枝条。

（6）保花保果 日光温室越冬一大茬辣椒开花期温度低、光照弱，容易引起落花落蕾，也容易引起疯秧，不利于植株上层坐果。目前常用 25～30 毫克 / 升的防落素溶液喷花。

（7）适时采收 门椒、对椒适时早收，以防赘秧。其余果实可根据天气和市场需求灵活采收。如果栽培季节控制得适宜，在 12 月中旬前辣椒植株上应挂果，并且果实体积和重量已基本长足。进入严冬后果实生长较慢，转色也慢，果实可在植株上一直生长到元旦、春节。生产者可随时根据市场需求采收，以获得较高的效益。特别是彩椒，春节期间售价更高。

二、日光温室辣椒冬春茬栽培

日光温室冬春茬辣椒栽培，前期虽然处于低温弱光阶段，但生长中后期天气逐渐转暖，光照日渐充足，栽培易获成功，效益好，是目前日光温室辣椒的主要栽培模式。一般在7月中下旬播种育苗，9月上中旬定植，12月上旬开始采收。整个生育期跨越夏、秋、冬、春4个季节。育苗初期外界气温较高，秧苗易徒长，易感染病害。定植后到开始采收，光照弱、温度低，有时还出现灾害性天气，不利于辣椒的生长发育。栽培的关键技术是培育适龄壮苗；定植后促根控秧，为结果期打好基础；进入盛果期后，加强肥水管理，以夺取高产。

1. 适宜品种

日光温室冬春茬辣椒栽培，应选择耐低温、抗病、丰产的早熟品种。甜椒可选用中椒3号、中椒5号、中椒7号、农乐、甜杂1号、甜杂3号、甜杂6号、农大6号、农大8号、津椒2号、洛椒1号、洛杂1号、哈椒4号等品种。辣椒可选用中椒6号、湘研1号、湘研2号、湘研4号、湘研11号、农大21号、津椒3号、绿丰、陇椒1号、洛椒6号、辽椒6号、沈椒4号、苏椒5号等品种。

2. 播种育苗

日光温室冬春茬辣椒栽培以早熟和丰产为目的，所以一般要求育大苗。育苗时应适当早播，不同地区的辣椒播种期因气候、育苗设施、定植期而不同。如华北地区一般在11月初至12月初温室（加温）播种育苗，一般苗龄为80～100天，若采用电热温床育苗，苗期可缩短至70～75天，且定植后缓苗快，开花结果早。如果采用工厂化育苗，苗龄只需65天左右，苗略小，但苗齐苗壮，根系生长好，定植后恢复生长快，有利于丰产、抗病。定植前5～7天加强炼苗，定植前2天在苗床内喷洒30%噁霉灵水剂1 000倍液＋2%阿维菌素乳油3 000倍液＋天达2116壮苗灵600倍液，可全面杀死幼苗上的害虫和病菌，并有壮苗作用。

3. 整地定植

为提高地温和气温，日光温室应及早扣膜，最晚应在定植前20～30天扣好薄膜。辣椒根系弱、分布浅，对环境反应敏感，要深翻土壤，精细整地。日光温室冬春茬辣椒生长采收期较长，要取得优质高产，必须充分施足基肥，要求每667米^{2}施腐熟有机肥6 000千克以上。2/3有机肥均匀撒施地面，深翻整平；剩余的1/3有机肥再混入磷酸二铵50千克，按行距集中施入。按60厘米和40厘米的大小行整地起垄，并进行地膜覆盖。

定植时要求幼苗株高20厘米左右，叶数10片以上，茎粗0.4～0.5厘米，70%～80%已显花蕾。要求温室内10厘米地温不低于10℃，过早易受冻害，即使没有明显地受冻，过低的温度对幼苗生长也有明显影响。定植应选择连续晴天的上午进行，最好采用地膜覆盖栽培，以利于提高地温，促进辣椒根系的生长。同时，对降低空气湿度、提高辣椒坐果率、减少病害发生也有显著的效果。

4. 田间管理

（1）肥水管理 定植后5～7天辣椒缓苗后，根据墒情，膜下浇1次缓苗水，然后进行控水蹲苗。为防止植株徒长引起落花落果，门椒坐住前不宜浇水追肥。门椒坐住后，果实长到直径3～4厘米大小时，为促进果实膨大和新枝不断形成以及陆续开花结果，要加强肥水管理。可选晴天浇1次透水，并随水每667米^{2}追施硫酸铵或尿素15～20千克、硫酸钾8～10千克，或三元复合肥30千克。以后每15～20天浇1次水，小水勤浇，保持地面湿润。进入结果期，气温升高，一般5～7天浇1次水，间隔2～3次水追1次肥，每次每667米^{2}随水冲施磷酸二铵15千克或尿素10千克或硫酸钾15千克，肥料交替使用，共追肥3～4次。结果盛期可结合喷药叶面喷施0.2%磷酸二氢钾溶液。

（2）光照管理 冬季光照时间短、光照强度弱，所以要选择透光率高的聚氯乙烯无滴膜覆盖温室，每天揭苫后及时清扫膜面的草屑和灰尘，增加透光率。在保证温度的前提下，尽可能早揭晚盖草苫，以延长光照时间。

（3）温度管理　刚定植时外界气温低，应密闭温室保温，白天温度保持 30℃，若秧苗出现萎蔫，可采用回苫的办法遮阴降温，秧苗恢复后再揭苫。1 周后，辣椒秧苗心叶开始生长，新根已发生，表明缓苗结束。为防止秧苗徒长，应适当降温，白天温度保持在 25℃～28℃，超过 30℃时通风，夜温以 16℃～18℃为宜，不能超过 20℃，否则幼苗生长细弱，易早衰和落花落果。开花期外界气温已回升，应加大通风量，白天通过调节通风时间和通风口的大小，调节温室内的温湿度，使温度白天控制在 25℃～27℃，夜间不低于 15℃。当外界气温稳定在 18℃时，可将棚膜卷起，固定在温室前横梁上。进入炎夏季节，要防止高温危害和出现果实日灼，应将棚膜进一步上卷，呈天棚状，并打开后墙的通风窗，加强通风降温。有条件的还可在棚上覆盖上遮阳网，以达到降温效果。

（4）补施二氧化碳气肥　日光温室冬春茬辣椒栽培，施用二氧化碳气肥，应从定植缓苗后开始，一直到采收结束。每天施用时间为上午拉开不透明覆盖物后 0.5～1 小时开始，通风前 0.5～1 小时停止，每天施用 1 次，每次追施二氧化碳气肥 2～3 小时。

（5）植株调整　辣椒一般不进行整枝打杈。但在温室中栽培，生长势较露地旺盛，植株较高大，为防止倒伏，利于通风透光和田间作业，可用塑料绳吊枝。进入采收盛期，枝叶郁闭，行间通风透光差，应进行整枝。及时将二杈和三杈下的小杈去掉，主、侧枝上的次级侧枝所结幼果直径达 3 厘米时，可根据长势留 4～6 片叶摘心。中后期长出的徒长枝应及时摘除，老叶、病叶也要摘除。

（6）保花保果　辣椒开花初期温度低、光照弱，容易引起落花落蕾，也易引起疯秧，不利于上层坐果，严重影响经济效益。目前常用 25～30 毫克 / 千克防落素溶液喷花，进行保花保果。

（7）适时采收　辣椒是连续开花结果、连续采收的蔬菜。用于鲜食和炒食的青果应在果实已充分膨大定形，果肉厚质地脆嫩，果色变深有光泽，味纯正清香时采收。一般辣椒开花后25～35天即可收获青果。采收要及时，特别是门椒和对椒，采收晚会造成果实赘秧，影响植株生长和上部的开花坐果。尤其是植株生长较弱或本身生长势较弱的品种，更要及时采收门椒和对椒。采收时要注意不能损伤茎叶。

三、日光温室辣椒秋冬茬栽培

辣椒日光温室秋冬茬栽培从11月初开始采收，供应期在深冬季节，且可贮藏，陆续上市，经济效益较好。辣椒日光温室秋冬茬生育前期高温强光，后期温度逐渐降低，光照变弱。普通日光温室在结构性能上基本能够满足秋冬茬辣椒生长发育的需要。

1. 适宜品种

适于日光温室秋冬茬栽培的辣椒品种应为苗期耐高温、抗病毒，低温下果实发育良好的中晚熟品种。甜椒可选用中椒3号、中椒5号、中椒7号、中椒8号、同丰16、哈椒4号、茄门等品种，辣椒可选用中椒6号、陇椒1号、湘研6号、苏椒5号、苏椒6号等品种。

2. 播种育苗

华北地区一般在7月中旬左右播种育苗。秋冬茬辣椒育苗时正值高温多雨季节，所以育苗的关键是防高温、防雨、防病毒病、防蚜虫（即“四防”）。采取遮阴防雨措施是培育壮苗的主要环节。

3. 整地定植

定植前要求每667米^{2}施腐熟优质有机肥5 000千克。将2/3的有机肥均匀撒施地面，深翻整平，剩余的1/3有机肥混入磷酸二铵30千克、硫酸钾15千克，按行距集中施入。整地起垄，按60厘米和40厘米的大小行距起垄，垄高20厘米。大行距垄间留一灌溉渠，深20厘米，用于冬季膜下暗灌。

此茬辣椒定植期正值高温高湿季节，病虫害繁衍较快，最好在定植前进行温室消毒。可采用高温闷棚消毒法，即关闭所有通风口，使温室温度上升至50℃以上，并保持5天左右，以杀死各种病菌和虫卵。通风2～3天后将土壤深翻1遍，再高温闷棚2～3天，杀菌效果良好。也可采用硫磺粉熏蒸消毒法，即按100米^{2}栽培面积，用硫磺粉、敌百虫粉、锯末各0.5千克，混匀后分3～5处，点燃熏烟，密闭温室24小时即可。

定植苗龄不宜太大，一般为30～40天，幼苗具有6～8片叶，苗高15厘米左右。华北等地一般在8月中下旬至9月初定植。定植期温度高、阳光强，应选择阴天或下午进行定植。可将温室前后的棚膜掀开，膜上覆盖遮阳网或其他遮阴物，形成通风凉爽的环境条件。定植时秧苗尽量多带土少伤根，在垄上按25厘米开穴，每穴栽2株，随定植随浇水，定植完成后再顺沟浇1次大水。

4. 田间管理

（1）**肥水管理**　定植前期气温高、蒸发量大，生产上既要防止干旱引发病毒病，又要控水防止秧苗徒长。一般在定植时浇足定植水，定植后5天左右浇缓苗水，并及时进行中耕保墒。如果地温过高，可采用在行间覆盖稻壳、稻草等方法降低地温。大雨时应及时排水防涝。定植后20多天植株开始开花，要加强通风透光管理，促进坐果。定植后1个月左右门椒坐住，浇1次催果水，结合浇水每667米^{2}追施尿素20千克。注意浇水后及时通风排湿。此后气温已开始下降，适合辣椒生长，可15～20天追1次肥，每次每667米^{2}追施磷酸二铵10千克或尿素10千克。结果期每5～7天喷施1次0.3%磷酸二氢钾溶液。天气转冷后，应减少浇水次数，以保持土壤见干见湿为宜。

（2）**光照管理**　每天早揭晚盖草苫，以延长光照时间。揭苫后及时清扫膜面的草屑和灰尘，增加透光率。

（3）**温度管理**　定植初期，外界温度较高，可昼夜通风。温度保持在白天25℃左右、夜间20℃以下。随着外界气温下降，逐渐缩小通风量和通风时间。进入10月份温度进一步降低，当外界气温下降至15℃以下时，夜间需将全棚扣严，进行保温，只在白天通风。随着温度的下降，最后只在中午通风，以后逐渐昼夜均不通风，白天保持25℃左右，夜间以不低于16℃为好。到了10月中下旬，外界气温急剧下降，棚内最低气温下降至15℃以下时，夜间开始加盖不透明覆盖物，使室温白天保持在25℃～28℃、夜间15℃～18℃。

（4）**植株调整** 日光温室秋冬茬辣椒生长时温度高，湿度大，植株生长旺，茎较细软，有的品种会发生倒伏现象，所以要及时进行培土，同时可在行间设简单支架。植株下部的老叶和细弱侧枝均应及时打去，以节约养分并有利于通风透光。

（5）**保花保果** 日光温室秋冬茬辣椒，生长前期应加强温度管理，特别是夜间温度不能太高，最好控制在20℃以下，否则易出现落花落果现象。而生长后期遇严寒季节，温度偏低，光照较弱，也易引起落花落果。因此，生产中应采取相应的措施创造良好的环境条件，满足辣椒生长发育的要求。同时，可采用25～30毫克/千克防落素溶液喷花，进行保花保果。

（6）**适时采收** 日光温室秋冬茬辣椒可及时采收，陆续上市。深冬季节，辣椒市场行情好，有条件的可将采收的辣椒进行贮藏保鲜供应冬季市场，准备贮藏的果实要在晴天的早晨温度低时采收，使果实温度接近贮藏温度有利于贮藏。采收时要注意轻拿轻放，避免机械损伤。当保护设施内最低温度低于10℃时，应及时采收果实，因为10℃以下低温对果实生长不利。

第九章

有机辣椒栽培技术

随着生活水平的提高，人们对农产品质量安全意识日益增强。辣椒有机栽培，具有品质好、产量高、无污染等优点，契合了消费者的需求，具有良好的发展前景。

一、生产基地环境要求

1. 产地选择

有机辣椒生产基地应选择空气清新、土壤有机质含量高、有良好植被的优良生态环境，避开疫病区，远离城区、工矿区、交通主干线、工业和生活垃圾场等污染源。基地土壤环境质量符合 GB/T 15618 二级标准，农田灌溉水质符合 GB/T 5084 V类标准，环境空气质量标准要求达到 GB/T 30954 二级标准和 GB/T 9137 保护农作物的大气污染物最高准许可浓度。

2. 确立转换期

有机辣椒生产转换期一般为 3 年。新开荒、长期撂荒、长期按传统农业生产方式耕种或有充分证据证明多年来未使用禁用物质的土地，也至少要有 1 年的转换期。转换期内必须完全按照有机蔬菜生产的要求进行管理，产品作为有机转换蔬菜上市。转换期结束要经认证机构检测达标后方能转入有机蔬菜生产。

3. 设置缓冲带

有机辣椒种植区域周围需种植 8～10 米宽的高秆作物和乔木等作为缓冲带，打造相对封闭的田间小环境，以保证有机辣椒种植区不受污染，并防止临近常规地块禁用物质的漂移。

二、适宜品种

有机辣椒生产强调人与自然的和谐，禁止使用转基因或含转基因成分的种子，禁止使用经有机禁用物质和方法处理的种子和种苗，种子处理剂应符合 GB/T 19630 要求；可选择适应当地生态条件且经审定推广的优质、高产、抗病虫、抗逆性强、适应性广、耐贮运、商品性好的品种，如湘研 1 号、湘研 11 号、更新 1 号、杭州鸡爪椒等。

三、栽培技术

1. 培育壮苗

（1）育苗方式 采用塑料大棚和温室等方式育苗。

（2）种子消毒与催芽 晒种后，用 50℃～55℃温水浸种 15～20 分钟，再用 0.5% 高锰酸钾溶液浸 5 分钟取出，用清水冲洗干净后用纱布包好，然后用干净的湿毛巾包上，在 25℃～30℃条件下催芽，每天检查并用温水淋洗，过 3～5 天胚根露出种皮，即可播种。

（3）营养土配制及床土消毒 用 40% 的充分腐熟鸡粪和 60% 的肥沃疏松园土配制营养土，配制时充分摊晒日光消毒，过筛后掺均匀，每立方米营养土中再加 10% 草木灰。播种床耙平踏实后，均匀铺 3～4 厘米厚营养土；苗床先经深翻，浇水后覆盖地膜并扣棚升温 7～10 天，撤去地膜，再铺床土育苗。

（4）播种和育苗 播种要求做到床土平、底水足、覆盖好。床土整平以后，底水一定浇足，底水应达到 10 厘米深床土饱和，出苗前不再浇水。撒种要均匀，每平方米苗床播 18～22 克种子（以干种计算），撒完种子后 10～20 分钟覆土，厚度为 0.7～1 厘米，覆土后盖不含氯的地膜，以保持高温高湿的环境。

2. 苗期管理

（1）幼苗期管理　辣椒播种后白天温度保持 25℃～30℃。80% 出苗后即可揭膜降温，创造光照充足、地温适宜、气温稍低、湿度较小的环境，白天温度保持 23℃～25℃、夜间 15℃～17℃。子叶展开到第一片真叶露尖，白天温度保持 18℃～20℃、夜间 10℃～15℃。第一片真叶出来后白天温度保持 25℃左右、夜间 17℃～20℃。移苗前 4～6 天保持降温炼苗，白天温度逐渐降至 18℃～20℃、夜间 13℃～15℃。齐苗后浇齐苗水保湿，在播种水浇足的情况下，移植前一般不浇水，秧苗缺水时选择晴天少量浇水，保持床土湿润不干燥，同时防止空气湿度过大；移植前 1 天可轻浇 1 次水，以利起苗。

（2）成苗期管理　分苗后提高温度，在水分充足、温度适宜条件下促进缓苗，白天温度保持 25℃～30℃、夜间 20℃左右。旺盛生长期白天温度保持 25℃～27℃、夜间 17℃～18℃。定植前 1 周左右进行低温炼苗，揭去所有覆盖物，使辣椒苗在露地条件下生长。移苗后在新根长出前不浇水，新叶开始生长后可根据幼苗长势、土壤墒情，适当用喷壶浇水。定植前 15～20 天结合浇水用纯沼液加水 3 倍液喷施。

3. 整地施基肥和定植

（1）整地施基肥　定植前 15～20 天，选择非茄科作物茬口的地块，翻耕晒土。整地做畦和覆地膜要求仔细平整，畦沟深度 20～25 厘米。肥料使用应符合 GB/T 19630 的要求，每 667 米^{2}施优质有机肥 5 000 千克、饼肥 300 千克、磷肥 50 千克、钾肥 20 千克。深耕整平，起 70～100 厘米宽的高畦，畦上覆盖无氯地膜，架设大棚、并覆盖防虫网，闭棚升温 7 天左右，杀灭病原菌。大棚膜、防虫网应选用不含氯的材料。

（2）**定植** 大棚栽培2月上中旬地温稳定在7℃～8℃时定植；露地地膜覆盖栽培在3月底至4月初地温稳定在15℃～17℃时定植。定植选在晴天中午进行，高温季节可选在下午。畦上双行定植，株距25厘米。定植时使辣椒两排侧根与畦沟垂直。

4. 定植后管理

定植后浇足定植水，门椒坐住之前一般不浇水。植株出现萎蔫、需补充水分时，可选择晴天浇小水。门椒坐住以后，开始小水勤浇，保证辣椒生长发育的需求。根据天气确定浇水时间，气温低时选择在上午浇水，高温时选择早晨浇水；进入盛果期加大浇水量，避免大水漫灌，雨前挖好排水沟，防止大雨造成土壤积水。露地栽培雨后及时扶苗，用清水洗去植株上污泥。进入盛果期结合浇水进行追肥，每667米^{2}随水追施水量1/3的沼液或腐熟饼肥50千克，每7～10天浇1次水，隔一水追1次肥。

定植后每隔10天叶面喷1次沼液3倍稀释液+1%白糖溶液，增加植株碳水化合物含量；初花期利用蜜蜂传粉或用手持振荡器辅助授粉，门椒坐住后及时打掉门椒以下侧枝，生长期及时摘除病叶、老叶，适当疏剪过密枝条。

5. 病虫害防治

病虫防治应坚持“预防为主，综合防治”的方针，以农业防治、物理防治、生物防治为主，化学防治为辅，实行无害化综合防治措施。药剂防治必须符合GB/T 19630的要求，杜绝使用禁用农药，严格控制农药用量和安全间隔期。

（1）**猝倒病** 对种子、床土进行消毒，或选用无病新土育苗；加强苗床管理，提高苗床温度，降低棚内湿度，严防幼苗徒长，发现病苗及时拔除；发病初期用大蒜汁250倍液，或25%络氨铜水剂500倍液，或3%井冈霉素水剂1 000倍液喷洒，1周后再喷1次。

（2）**蚜虫及病毒病** 悬挂黄板诱杀蚜虫，植株喷肥皂水、辣椒水驱避蚜虫，发现蚜虫及时喷药消灭蚜源，减少病毒传播。

（3）**灰霉病** 加强大棚湿度管理，及时通风排湿，浇水选择晴

天上午进行，适当稀植，及时摘除植株下部多余枝叶，保持植株通风透光性；发现病株适当控制浇水，每 667 米 ^{2} 用 10% 腐霉利或 45% 百菌清烟剂 250 克，或 3% 噻菌灵烟剂 150 克熏烟 3～4 小时。也可叶面喷施 2% 春雷霉素水剂 500 倍液，或 80% 碱式硫酸铜可湿粉 800 倍液，或 25% 络氨铜水剂 500 倍液。

（4）**疫病**　严格种子和苗床消毒，或选用无病新土育苗；采用地膜覆盖栽培，阻挡土壤萌发孢子向上扩散；下午闭棚速度不宜过快，减少叶片结露；发病后适当控制浇水，及时放风排湿，防止土壤和棚内空气湿度过大，并施入生石灰调酸；发病初期可用大蒜汁 250 倍液，或 25% 络氨铜水剂 500 倍液，或 3% 井冈霉素水剂 1 000 倍液，或 80% 碱式硫酸铜可湿粉剂 800 倍液，或 77% 氢氧化铜可湿粉剂 600 倍液，每隔 7～10 天全株喷药 1 次，连续 2～3 次。也可每 667 米 ^{2} 用 45% 百菌清烟剂 250 克熏烟。

6. 采　收

采用人工采摘，采收过程中所用工具以及盛容包装物要求清洁、卫生，不对有机辣椒产生污染。采收后与其他蔬菜分开堆放，做到单收、单运、单放，防止产生混杂污染。上市辣椒要求新鲜、干净、无虫斑病斑。

第十章
辣椒病虫害防治技术

一、病虫害综合防治

辣椒病虫害的有效防治是优质丰产栽培的关键。辣椒种植者必须对病虫危害症状正确地识别，才能进一步采取“以防为主、综合防治”的方法，有效地防治各种病虫害。在病虫害综合防治过程中要积极采取各种科学的农业栽培措施及生物、物理等防治方法，避免和减少病虫害的发生，合理使用化学农药，降低生产成本并减少农药污染。

1. 农业防治

农业防治是结合栽培措施来避免、消灭或减轻病虫害的方法，是最经济、最有效的防治措施。科学的栽培技术可给辣椒创造最适宜的生长发育条件，使辣椒植株生长健壮，提高植株的抗病、抗虫性。同时，创造不利于病虫害生长发育的环境条件，控制病虫害不发生、少发生和控制发生的范围。农业防治贯穿于辣椒栽培的全过程中，各个环节要严格控制，使病虫害的影响降到最低程度。

（1）采种、引种和种子处理 采种应从无病的地块和无病的辣椒植株上采种，以避免种子带病菌。引进种子时要尽可能地从无病区引种，以减少种子带病菌的可能性。播种前应对种子进行消毒处理，可采用温汤浸种或药剂处理杀死种子所带的病菌。

（2）耕地和轮作换茬 前茬作物收获后应及时进行深耕晒垡或

冻土，以利于消灭土壤中的病虫害，降低病原和虫口基数。同一地块不要连续种植辣椒或其他茄果类蔬菜，最好实现与非茄果类蔬菜3年左右的轮作。

（3）搞好田间卫生　辣椒的许多病虫均可在病残体、根、杂草等上越冬或越夏，所以换茬时必须彻底清园，清出的残茬深埋或烧毁。栽培过程中有的病虫害从某株或小片开始发生，应及时拔除病株或摘除病叶，以减少病原菌再侵染。

（4）改善田间小气候　保护地栽培可采取措施降低湿度，控制温度，使温湿度条件利于辣椒生长而不利于病虫害的发生和蔓延。可通过地膜覆盖、膜下滴灌、膜下浇暗水、加强通风等方式达到控制温度和湿度的目的。

（5）科学施肥　多种营养元素的肥料要平衡施用，有机肥和化肥要配合施用，避免偏施氮肥。合理地施肥有利于提高作物对病虫害的抗性。

2. 生物防治

充分利用有益的微生物和昆虫来防治辣椒病虫害，可减少污染，有益于生产者和消费者的健康。辣椒生产中可配合进行生物防治，如使用菌肥（既可增产又可防病）、硫酸链霉素、新植霉素等防治疮痂病，用丽蚜小蜂防治白粉虱等。

3. 物理防治

物理防治一般成本低、简单易行，是一种很有效的方法。如利用黄色诱杀蚜虫和白粉虱，利用银灰色避蚜等。在辣椒保护地栽培过程中还可通过高温闷棚及高温消毒土壤的方法来杀死病原菌、虫卵等。种子的温汤浸种也是行之有效的物理防治方法。

4. 化学防治

化学药剂防治病虫害虽然增加投入，还有一定的污染，但由于药剂防治效果好、速度快，仍是目前最常用的方法之一，特别是在病虫害大量发生和蔓延时必须采用化学防治手段。

利用药剂浸种、拌种和闷杀种子上所带的病菌和虫卵，并对床土和育苗用具消毒。幼苗定植前2～3天，在育苗床内对幼苗喷洒杀虫剂和杀菌剂，防止幼苗把病虫带到栽培田中。定植前土壤和保护地设施进行消毒。充分掌握病情和虫情变化，根据天气变化及时进行预防和在发病初期喷药防治等措施均效果较好。

正确选择农药极为重要，否则会适得其反。不同的病虫害应选用不同的药剂。虫害应选用杀虫剂；真菌性病害应选择杀真菌的杀菌剂；细菌性病害应选择杀细菌的杀菌剂；而生理性病害，只能通过改善环境条件和肥水管理等措施解决。所以，化学防治时必须明确病虫害性质和农药的特性，对症下药，才能取得好的效果。

喷洒药液时，喷头与辣椒的距离不能太近，一般在0.4米左右，喷洒要均匀，覆盖要完全，特别是非内吸型农药，必须喷洒彻底，覆盖叶正、反两面而且老叶和新叶均要喷到，雾化要好。选择无露水无风的晴天喷药，但避免在中午高温强光时喷药。

一般情况下药剂浓度越高，效果越好。但浓度高易产生药害，所以必须经试验后才能改变或提高浓度。另外，在防治过程中应几种农药交替使用，如果只用一种农药，很容易产生抗药性，防治效果差。

二、生理性病害及防治

1. 缺 素 症

（1）缺氮症 当缺氮时，植株生长发育不良、瘦小，叶片由深绿变为淡绿至黄绿色，叶柄和叶基部变为红色，下部叶片变黄。当氮肥过多时，心叶浓绿，叶片皱缩，中部叶片中肋突出，形成覆船形，下部叶片出现扭曲，叶片大，叶柄长。出现缺氮症状，可叶面喷施尿素300～500倍液。

（2）缺磷症 当缺磷时，叶片暗绿色，并有褐斑，老叶变褐色，叶片薄，下部叶片的叶脉发红。当磷过剩时，叶片尖端白化干枯，同时出现小麻点。补救措施：叶面喷施磷酸二氢钾300倍液，

或过磷酸钙 100 倍浸提液。

（3）缺钾症　植株叶片尖端变黄，有较大的不规则斑点，叶尖和边缘坏死干枯，叶片小、卷曲，节间变短。有的品种叶缘与叶脉间有斑纹，叶片皱缩。补救措施：叶面喷施磷酸二氢钾 500 倍液，或 1% 草木灰浸提液。

（4）缺钙症　植株生长点畸形或坏死，停止生长或萎缩。防治方法：增施有机肥，避免偏施氮肥和土壤干旱。在酸性土壤上可增施含钙肥料。

（5）缺铁症　叶片黄化、白化，且首先从嫩叶上出现。土壤酸碱度不合适是造成缺铁症的间接原因，在碱性土壤中溶解态的铁较少，只有在酸性土壤中才有较多的可溶性铁。补救措施：叶面喷施顶绿 6 000 倍液＋富瑞磷 1 000 倍液。

（6）缺硼症　植株生长点畸形或坏死，停止生长或萎缩。补救措施：叶面喷施 15% 满素可硼 1 500 倍液。

（7）缺镁症　叶片为灰绿色，叶脉间黄化，基部叶片脱离，植株矮小，坐果少。补救措施：叶面喷施 1%～2% 硫酸镁溶液。

2. 缺 水 症

水分供应不足时，叶片暗绿、无光泽，叶片狭小，叶脉弯曲，叶柄弯曲，叶片下垂。补救措施：及时补充水分。

3. 高温与低温危害

高温时表现叶柄长；低温时表现叶柄短，叶片下垂。补救措施：采取相应的增温或降温措施。

4. 日 灼 病

（1）危害特点　日灼病是强光照射果实引起的生理性病害（非侵染性病害）。主要发生在果实向阳面上。发病初期被太阳晒成灰白色或浅白色革质状，病部表面变薄，细胞组织坏死发硬。后期腐生菌侵染，长出灰黑色霉层而腐烂。

（2）防治方法　①选用叶量较大，能互相遮阴的抗日灼品种。②合理密植，采用双株定植，使叶片互相遮阴。③与玉米等高秆作物间作，减少太阳直射光，避免果实暴露在直射太阳光下。④栽培中要及时防止植株倒伏，以免倒伏植株的果实露出、暴晒发生日灼病。⑤加强田间管理，促进植株生长，在6月中旬前封垄。特别要避免早期落叶。⑥采用遮阳网或纱网等覆盖栽培。

5. 脐 腐 病

（1）危害特点 脐腐病又称顶腐病，主要危害果实。被害果实于花器残余部及其附近，初现暗绿色水渍状斑点，后迅速扩大，直径2～3厘米，有时可扩大到半个果实。患部组织皱缩，表面凹陷，常伴随弱寄生菌侵染而呈黑褐色或黑色，内部果肉也变黑，但仍较坚实，如被软腐细菌侵染则引起软腐。

（2）防治方法 ①采用地膜覆盖栽培可保持土壤水分相对稳定，并能减少土壤中钙质养分的淋失。②栽培中要适时浇水，特别是在结果后要及时均匀浇水，防止高温危害。③根外施肥补充钙质。可叶面喷施1%过磷酸钙溶液，或0.1%氯化钙溶液，或0.1%硝酸钙溶液，每隔5～10天1次，连续防治2～3次。

三、侵染性病害及防治

1. 猝 倒 病

（1）危害特点 猝倒病为辣椒苗期重要病害之一。主要因育苗期温湿度不适、管理粗放引起，发病严重时常造成幼苗成片倒伏死亡。秧苗染病时，茎基部呈黄绿色水渍状，后很快转黄褐色并发展至绕茎一周。病部组织腐烂干枯而凹陷缢缩。水渍状自下而上扩展，幼苗倒伏于地。发病初期，苗床上只有少数幼苗发病，几天后，以中心病株逐渐向外扩展蔓延，最后引起幼苗成片倒伏死亡。地温低于15℃时发病迅速，土壤湿度大，光照不足，幼苗长势弱，抗病力下降易发病。在幼苗子叶养分快耗尽而新根尚未扎实之前，由于营养供应不足，造成抗病力减弱，如果此时遇寒流或连续阴雨雪天气，而苗床保温不好，会突发此病。猝倒病多在幼苗长出

1～2 片真叶前发生，3 片真叶后发病较少。

（2）防治方法

①合理选择苗床　苗床应选择地势高燥、背风向阳、排灌方便、土壤肥沃、透气性好的无病地块。为防止苗床带入病菌，应施用腐熟的农家肥。

②苗床处理　播种前苗床要充分翻晒，旧苗床应进行苗床土壤消毒处理。常用 50% 多菌灵可湿性粉剂，每平方米苗床 8～10 克，加细土 5 000 克，混合均匀。取 1/3 药土作垫层，播种后将其余 2/3 药土作为覆盖层。

③种子消毒　用 40% 甲醛 100 倍液浸种 30 分钟后冲洗干净催芽播种，或用 4% 嘧啶核苷类抗生素水剂（瓜菜烟草型）600 倍液浸种 30 分钟后催芽播种。

④加强栽培管理　与非茄科类作物实行 2～3 年轮作；铺盖地膜阻隔土壤中病菌溅附到植株上，减少侵染机会；苗床土壤温度要求保持在 16℃以上，气温保持在 20℃～30℃；出齐苗后注意通风，同时加强中耕松土，防止苗床湿度过大。保持育苗设备透光良好，增加光照，促进秧苗健壮生长；发现病株及时拔除，集中烧毁，防止病害蔓延。

⑤药剂防治　发现病株后及时处理病叶、病株，并全面喷药防治。防效较好的药剂有 4% 嘧啶核苷类抗生素水剂（瓜菜烟草型）500～600 倍液，或 75% 百菌清可湿性粉剂 800 倍液，或 50% 多菌灵可湿性粉剂 600 倍液，或 70% 代森锌可湿性粉剂 500 倍液。每 7 天喷 1 次，连喷 2～3 次。以上药剂交替使用效果更佳。

2. 立 枯 病

（1）危害特点　立枯病为辣椒苗期经常发生的病害。种子出土后的稍大幼苗容易发病。发病后幼苗茎基部产生椭圆形褐色斑，逐渐凹陷，并向四面扩展，最后绕茎基一周，造成病部缢缩、干枯。病苗初呈萎蔫状，随之逐渐枯死，枯死病苗多立而不倒，故称之为立枯病。湿度大时病部有稀疏的淡褐色蛛丝状霉。

（2）防治方法 ①加强苗床管理，注意合理通风，防止苗床或育苗盘出现高温高湿现象。②床土消毒。可用40%福美·拌种灵可湿性粉剂或50%硫菌灵可湿性粉剂，每平方米苗床8～10克，加细土5 000克，混合均匀。1/3药土作垫层，2/3药土播种后作覆盖层。③苗期喷洒0.1%～0.2%磷酸二氢钾溶液，增强抗病力。④药剂防治苗床发病，可用5%井冈霉素水剂1 500倍液，或70%甲基硫菌灵可湿性粉剂800倍液，或15%噁霉灵可湿性粉剂500倍液。

3. 疫 病

（1）危害特点 疫病是辣椒最重要的病害，常引起大面积枯株死亡，一般发病田块植株死亡率达20%～30%，严重的可造成毁灭性损失。该病在辣椒全生育期均可发生，以成株期受害最重。为夺取辣椒优质高产，必须提早防治。

幼苗期受害茎基部呈水渍状、暗绿色病斑，后形成梭形大斑，病部软腐，呈蜂腰状，致使幼苗折倒。成株受害在茎基部和枝杈处，产生水渍状暗绿色病斑，逐渐扩大成为长条形黑色病斑，病斑部位皮层腐烂，可绕茎一周。发病部位以上的叶片由下而上枯萎死亡。受害叶片上的病斑呈暗绿色，不规则形水渍状，扩展后叶片枯缩脱落，出现秃枝。果实受害多由蒂部发病，最初出现暗绿色水渍状病斑，稍凹陷，病斑扩大后，全果腐烂脱落。

（2）防治方法

①轮作倒茬 辣椒种植必须实行3年以上的轮作，倒茬时一定要避开番茄、茄子等茄科蔬菜，应与玉米、大豆、十字花科蔬菜及葱、蒜类蔬菜进行倒茬。通过轮作倒茬减少病菌量，降低发病率。

②土壤处理 在定植前，选用25%甲霜灵可湿性粉剂或64%噁霜·锰锌可湿性粉剂500倍液，浸泡辣椒苗根10～15分钟，或定植时进行灌穴，每穴浇灌50～60毫升药水坐窝。也可结合整地每667米^{2}用64%噁霜·锰锌可湿性粉剂130～170克拌干细土撒在土壤中，达到杀灭土壤病菌的目的。

③加强管理 从辣椒育苗开始，就要加强管理，特别是肥水管

理，满足辣椒生长发育对肥水条件的需求，促进植株健壮生长，提高抗病能力，减少发病。减少氮肥的施用量，实行氮磷钾肥配合施用，补施微量元素肥料，防止植株徒长。注意灌水方法，严禁大水漫灌，改大水串灌为小水细灌或隔行浇水，有条件的可实行渗灌，尽量避免植株基部触水。后期遇连阴雨或暴雨时要及时排水，防止田间积水。在管理过程中要尽量减少人为机械创伤，避免造成伤口招致病菌侵染。

④拔除病株　发病始期，要及时拔除中心病株，并清理出田外销毁。辣椒收获后，要彻底清理残枝落叶，集中销毁。

⑤药剂防治　发病初期，选用25%甲霜灵可湿性粉剂或64%噁霜·锰锌可湿性粉剂或40%琥铜·甲霜灵可湿性粉剂500倍液，灌根2～3次，间隔期5～7天。也可进行喷雾防治，每隔7～10天喷1次，连喷2～3次，可预防再侵染。

4. 青 枯 病

（1）危害特点　青枯病又名细菌性枯萎病，一般在成株开花期表现症状。发病初期自顶部叶片开始萎蔫，或个别分枝上的少数叶片萎蔫，后扩展至全株萎蔫。初时白天萎蔫，早、晚可恢复正常，后期不再恢复而枯死，叶片不易脱落。一般从表现症状至全株枯死需7天左右。植株茎基部最先发病，但外部无明显病变，表面粗糙。在潮湿条件下，病茎上常出现水渍状条斑，后变褐色或黑褐色。纵切病茎，维管束变成褐色；横切病茎，切面呈淡褐色，挤压或保湿后病茎可见有乳白色黏液溢出。后期病株茎内中空，病茎基部皮层不易剥离，根系不腐烂。该病害多发于连作田和地下水位高、湿度大的冲积土田。

（2）防治方法

①实行轮作　与非茄科类作物进行3年以上轮作，能有效降低土壤含菌量，减轻病害发生。

②改良土壤　青枯病病菌喜偏酸性土壤，结合整地施基肥，每667米^{2}施熟石灰粉100千克，使土壤呈中性或微酸性，能有效抑

制该病的发生。

③优化栽培方式　采用高垄或半高垄栽培方式，配套田间沟系，以降低田间湿度。同时，增施磷、钙、钾肥料，促进植株生长健壮，提高抗病能力，减轻青枯病的发生。

④培育壮苗　采用营养钵、温床育苗，培育矮壮苗，以增强植株抗病、耐病能力。

⑤喷施微肥　喷施微肥可促进植株维管束生长发育，提高植株抗耐病能力。从花期开始，每次每667米^{2}用多元素混合型高效硼肥100克加水40升喷雾，或用0.1%～0.2%硼酸＋硫酸锰混合液50～60升喷雾，隔10～20天喷1次，共喷2～3次。为避免植株体内酸性物质增加，可在喷施的间隔期间喷施1～2次0.5%碳酸氢钠溶液。

⑥药剂防治　在发病初期选用72%硫酸链霉素可溶性粉剂4 000倍液，或77%氢氧化铜可湿性粉剂500倍液，或50%代森锌可湿性粉剂1 000倍液，或50%琥胶肥酸铜可湿性粉剂500倍液药剂灌根，每株灌药液0.5升，每10天左右灌1次，连灌3～4次。

5. 灰霉病

（1）危害特点　苗期和成株期的叶、茎、枝、花均可感染。苗期染病，子叶先端变黄，后扩展到幼茎，导致茎部缢缩变细，由病部折断而枯死。叶片染病，病部腐烂，或长出灰霉状物，严重时上部叶片全部烂掉；成株期染病，茎上初生水渍状不规则斑，后变灰白色或褐色，病斑绕茎一周。上端枝叶萎蔫枯死，病部表面有灰白色霉状物。

（2）防治方法　①加强通风透光，降低湿度。发病初期适当节制浇水，灌溉改在上午进行。②发病后及时清理病果、病叶、病枝，集中烧毁或深埋，并用药剂防治。③药剂防治。可选用50%异菌脲可湿性粉剂1 500倍液，或50%腐霉利可湿性粉剂2 000倍液，或50%多菌灵可湿性粉剂500倍液，或70%甲基硫菌灵可湿性粉剂800倍液，或50%乙烯菌核利可湿性粉剂1 000倍液，或50%福美双可湿性粉剂 600 倍液，或 50% 苯菌灵可湿性粉剂 1 000～1 500 倍液喷施防治。

6. 疮 痂 病

（1）危害特点　苗期和成株期均可发生，主要危害茎、叶和花。叶片染病初现许多圆形或不规则形水渍状墨绿色至黄褐色斑点，病斑稍隆起，常多个融合引起叶片变黄枯萎而脱落。茎染病初生水渍状不规则条斑，后木栓化或纵裂为疮痂状。果实染病，出现圆形或长圆形病斑，稍隆起，墨绿色，后期木栓化。

（2）防治方法　①采用无菌种子，选择无病株或无病果留种。②种子消毒。一般将种子在清水中浸泡 6～10 小时，再用 1% 硫酸铜溶液浸种 5 分钟，捞出后拌少量草木灰，中和酸性后再进行播种。也可用 55℃温水浸种 10 分钟，或用 52℃温水浸种 30 分钟后移入冷水中冷却再催芽播种。③与非茄科类作物实行 2～3 年轮作，并结合深耕，使病残体腐烂，加速病菌死亡。④药剂防治。发病初期喷洒 60% 琥铜 · 乙膦铝可湿性粉剂 500 倍液，或 90% 新植霉素可溶性粉剂 4 000～5 000 倍液，或 72% 硫酸链霉素可溶性粉剂 4 000 倍液，或 14% 络氨铜水剂 300 倍液，或 77% 氢氧化铜可湿性粉剂 500 倍液，或 1∶1∶200 波尔多液，每隔 7～10 天喷 1 次，酌情喷施 2～3 次。

7. 白 星 病

（1）危害特点　苗期和成株期均可发病，主要危害叶片。病斑初为圆形或近圆形，直径 5 毫米左右，病斑边缘呈深褐色小斑点，稍隆起，中央白色或灰白色，其上散生黑色小粒点。病斑中间有时脱落，发病严重时造成大量落叶。

（2）防治方法　①提倡与非茄科类作物实行隔年轮作。②采收后及时清除病残叶集中烧毁。发病初期喷洒 65% 代森锌可湿性粉剂 700～800 倍液，或 1∶1∶200 波尔多液，或 50% 琥胶肥酸铜可湿性粉剂 500 倍液，或 14% 络氨铜水剂 300 倍液，或 77% 氢氧化铜可湿性粉剂 500 倍液，隔 7～10 天喷 1 次，酌情防治 2～3 次。

8. 白 绢 病

（1）危害特点 危害近地面的茎基部。发病时，茎基部初呈暗褐色水渍状病斑，后逐渐扩大，稍凹陷，其上有白色绢丝状的菌丝体长出，呈辐射状，病斑向四周扩展，延至 1 圈后，便引起叶片凋萎、整株枯死。病部后期生出许多茶褐色油菜籽状的菌核，茎基部表皮腐烂，致使全株茎叶萎蔫和枯死。

（2）防治方法 ①与禾本科作物实行轮作，把旱地改为水田，种植水稻 1 年，病菌经长期浸水后逐渐消灭。②将带菌土壤表层翻到 15 厘米以下，可以促使病菌死亡。③发病早期在病株周围灌 50% 代森铵可湿性粉剂 400 倍液。④增施磷、钾肥，并避免大水漫灌。⑤药剂防治。田间初发病时，用 15% 三唑酮可湿性粉剂 1 000 倍液淋施辣椒茎基部，每株用药液 0.25 升。

9. 炭 疽 病

（1）危害特点 炭疽病是辣椒的常发病害，特别是在高温季节，果实受灼伤后极易并发炭疽病，使果实完全失去商品价值。辣椒炭疽病主要危害果实和叶片，也可侵染茎部。

果实染病，先出现湿润状、褐色椭圆形或不规则形病斑，稍凹陷，斑面出现明显环纹状的橙红色小粒点，后转变为黑色小点，此为病菌的分生孢子盘。天气潮湿时溢出淡粉红色的粒状黏稠状物，此为病菌的分生孢子团。天气干燥时，病部干缩变薄成纸状且易破裂。叶片染病多发生在老熟叶片上，病叶产生近圆形的褐色病斑，亦产生轮状排列的黑色小粒点，严重时可导致落叶。茎和果梗染病，出现不规则短条形凹陷的褐色病斑，干燥时表皮易破裂。

（2）防治方法

①选择抗病品种 开发利用抗病资源，培育抗病高产的新品种。一般辣味强的品种较抗病，可因地制宜选用。

②避免种子带菌 可采用无菌种子并进行种子消毒处理的方法，避免种子带菌传播病害。从无病果实采收种子，作为播种材料。如种子有带菌嫌疑，可用 55℃温水浸种 10 分钟，或用 70% 代

森锰锌可湿性粉剂 1 000 倍液浸种 2 小时，进行杀菌处理。

③加强栽培管理　合理密植，使辣椒封行后行间不郁闭，果实不暴露；避免连作，发病严重地区应与瓜类和豆类蔬菜轮作 2～3 年；适当增施磷、钾肥，促使植株生长健壮，提高抗病力；低湿地种植要开挖排水沟，防止田间积水，以减轻发病；炭疽病菌为弱寄生菌，成熟衰老的及受伤的果实易发病，及时采果可避免病害。

④清洁田园　果实采收后，清除田间病果及病残体，集中烧毁或深埋，并进行 1 次深耕，将表层带菌土壤翻至深层，促使病菌死亡，可减少初侵染源，控制病害的流行。

⑤药剂防治　田间发现病株时应及时喷药，可用 0.5∶1∶100 波尔多液，或 65% 代森锌可湿性粉剂 500 倍液，或 65% 福美锌可湿性粉剂 300～500 倍液，或 50% 甲基硫菌灵可湿性粉剂 1 000 倍液，或 65% 百菌清可湿性粉剂 600 倍液。

10. 软 腐 病

（1）危害特点　主要危害果实，且多发生在青果上。果实染病后，最初出现水渍状暗绿色斑点，迅速扩展，病斑变为淡褐色，果肉腐烂发臭，果实变形，好像在袋子里装满了泥水，俗称“一兜水”。病果多数脱落，少数留在枝上，失水以后仅留下灰白色果皮挂在植株上。

（2）防治方法

①农业措施　与非茄科及十字花科蔬菜进行 3 年以上轮作。培育壮苗，适时定植，合理密植，进行地膜覆盖栽培。雨后要及时排出田间积水。及时摘除病果并带出田外深埋，以减少田间的再侵染源。保护地栽培时要注意通风，降低空气湿度。

②防治蛀果害虫　蛀果害虫会在果实上造成伤口，引发病害。蛀果害虫主要是棉铃虫等，可用 2.5% 高效氯氟氰菊酯乳油 5 000 倍液，或 4.5% 高效氯氰菊酯乳油 3 000～3 500 倍液，或 5% 氟啶脲乳油 1 500 倍液，或 5% 氟虫脲乳油 2 000 倍液，或 5% 氟铃脲乳油 2 000 倍液，或 20% 除虫脲胶悬剂 500 倍液，或 5% 氟虫腈悬乳剂

2 000 倍液，或 50% 丁醚脲可湿性粉剂 2 000 倍液，或 10% 醚菌酯悬乳剂 700 倍液，或 2.5% 溴氰菊酯乳油 2 000 倍液，或 20% 氰戊菊酯乳油 2 000 倍液喷雾防治。

③药剂防治病害　雨后及时喷药预防，可选用 90% 新植霉素可溶性粉剂 4 000 倍液，或 78% 波尔·锰锌可湿性粉剂 500 倍液，或 40% 氟硅唑可湿性粉剂 600 倍液，或 50% 氯溴异氰尿酸可溶性粉剂 1 200 倍液，或 60% 乙膦·琥·锰锌可湿性粉剂 500 倍液，或 50% 琥胶肥酸铜可湿性粉剂 500 倍液，或 14% 络氨铜水剂 300 倍液。发病后可选用 72% 硫酸链霉素可溶性粉剂 4 000 倍液，或 1∶4∶600 铜皂液，或 1∶2∶300～400 波尔多液，或青霉素钾盐 5000 倍液喷施防治。

11. 枯 萎 病

（1）危害特点　一般在辣椒开花结果期陆续发病。病株下部叶片脱落，茎基部及根部皮层呈水渍状腐烂，根茎维管束变褐色，终致全株枯萎。潮湿时病茎表面生白色或蓝绿色的霉状物（病征）。通常病程进展缓慢，从发病至枯萎历时 10 多天至 20 天以上，据此及其病征有别于辣椒细菌性青枯病。

（2）防治方法

①农业措施　选用抗病品种。选择排水良好的壤土或沙壤土地块栽培，不要选择地势低洼的地块。避免大水漫灌，雨后及时排水。

②土壤处理　保护地栽培时，可在夏季高温季节利用太阳能进行高温土壤消毒，方法是先起垄，灌满水后全面铺上地膜，密闭棚室，使地温升高，保持 20 厘米地温 45℃以上，保持 20 天。该方法还可杀死土壤中的其他病菌及害虫。

③药剂防治　苗期或定植前喷施 50% 多菌灵可湿性粉剂或 70% 甲基硫菌灵可湿性粉剂 600～700 倍液。发病初期用 50% 琥胶肥酸铜可湿性粉剂 400 倍液，或 0.3% 硫酸铜溶液，或 50% 多菌灵可湿性粉剂 500 倍液，或 70% 甲基硫菌灵可湿性粉剂 600 倍液，或

14% 络氨铜水剂 300 倍液灌根，每株灌药 0.4～0.5 升，隔 5 天灌 1 次，连灌 2～3 次。田间可喷洒 50% 多菌灵可湿性粉剂 500 倍液，或 40% 硫磺 · 多菌灵悬乳剂 600 倍液防治。

12. 白 粉 病

（1）危害特点　主要危害叶片，老熟或幼嫩的叶片均可被害。发病叶片正面呈黄绿色不规则斑块，无清晰边缘，白粉状霉不明显；背面密生白粉（病菌分生孢子梗和分生孢子），较早脱落。侵染病菌属于鞑靼内丝白粉菌，菌丝在营养生长阶段藏在叶片里面，产生繁殖体时，才伸出叶面。所以，该病往往难以在早期发现，一旦发现，再用药防治就比较困难。

（2）防治方法

①农业措施　选用抗病品种。选择地势较高、通风、排水良好地种植。增施磷、钾肥，避免生长期氮肥施用过多。

②药剂防治　发病初期及时用药剂防治，药剂可选用 15% 三唑酮可湿性粉剂 1 500～2 000 倍液，或 20% 三唑酮乳油 2 500 倍液，或 50% 多菌灵可湿性粉剂 500 倍液，或 50% 硫菌灵可湿性粉剂 500 倍液，或 70% 甲基硫菌灵可湿性粉剂 800 倍液，或 40% 硫磺 · 多菌灵悬浮剂 500 倍液，或 50% 硫磺悬浮剂 300 倍液，或 2% 武夷菌素水剂 200 倍液，或 2% 嘧啶核苷类抗菌素水剂 200 倍液，或 47% 春雷 · 王铜可湿性粉剂 600 倍液，或 60% 多菌灵可溶性粉剂 1 000 倍液，每 7～10 天喷药 1 次，连喷 2～3 次。

13. 根结线虫病

（1）危害特点　危害辣椒根部，根部受害后形成肥肿畸形瘤状结。发病初期，地上部分没有明显的症状。重病株地上部生长衰弱、矮化，叶片颜色变淡，结果少而小。在干旱或晴天中午常出现萎蔫，严重时可枯萎。

（2）防治方法

①实行轮作　最好采用水旱轮作。加强栽培管理。选用无虫土育苗，深翻土壤，促进根结线虫死亡。多施腐熟有机肥，加强管理。

②药剂防治　每667米^{2}用3%氯唑磷颗粒剂0.3千克，或50%辛硫磷乳油0.5千克，稀释1000倍，整地后喷洒地面，隔2～3天后定植。发病初期，用1.8%阿维菌素乳油2000倍液灌根，每株用药液200～300毫升。也可用40%辛硫磷乳油1000倍液灌根，每株用药液100毫升。每隔7～10天1次，连灌2次。

四、虫害及防治

1. 烟青虫

（1）危害特点　烟青虫危害辣椒，主要是以幼虫蛀食花蕾和果实，也可食嫩茎、叶和芽。蛀果危害时，虫粪残留于果皮内使椒果失去经济价值，田间湿度大时，果实易腐烂脱落造成减产。辣椒早熟品种上产卵少，幼虫蛀果率低，危害轻；中晚熟品种显蕾早的田块产卵多，危害严重。幼虫主要有3个发生高峰期，即6月上中旬、7月下旬和8月中下旬。

（2）防治方法

①农业防治　进行露地冬耕冬灌，将土中的蛹杀死。早春在辣椒田边靠西北方向种1行早玉米，待大棚膜揭除后，其成虫飞往玉米植株上产卵，然后清除卵粒，可减少虫口基数。与非茄科作物实行轮作。推广应用早熟品种，避开危害时期。加强田间管理，及时清洁田园，在盛卵期结合整枝打杈，摘除带卵叶片，减少卵量，摘除虫果，压低虫口基数。

②物理防治　杨树枝诱蛾法。剪取0.6米长带叶杨树枝条，每10根一小把绑在一根木棍上，插在田间（稍高于辣椒顶部），每667米^{2}放10把，每5～10天更换1次，一般从4月上中旬开始，连续用15～20天。每天早晨露水未干时，用塑料袋套在枝条把上捕杀成虫。黑光灯诱蛾法。从4月上中旬田间始见蛾时，每3.3公顷安装1盏黑光灯（220伏、40瓦），灯下放1个塑料盆，盆内盛洗衣粉水，于傍晚点灯至翌日清晨，可杀死大量飞蛾。

③生物防治　在产卵高峰期，可喷施生物农药如苏云金杆菌乳剂、复方苏云金杆菌乳剂、杀螟杆菌（具体用法参照说明书）。喷施生物复合病毒杀虫剂Ⅰ型1 000～1 500倍液，对低龄幼虫有较好的防治效果。生物农药施用要求在阴天或傍晚光照弱时进行，不能与杀菌剂或内吸性有机磷杀虫剂混用，使用过该药的药械要认真冲洗干净。当田间虫口密度大时，可适当加入少量的除虫菊酯类农药，以便尽快消灭害虫，减轻危害。

④化学防治　可选用2.5%溴氰菊酯乳油2 000倍液，或2.5%氯氟氰菊酯乳油2 000倍液，或4.5%高效氯氰菊酯乳油1 500倍液，或5%氟虫脲乳油2 000倍液，或5%氟啶脲乳油3 000倍液，或48%毒死蜱乳油1 500倍液，或21%氰戊·马拉松乳油4 000倍液，于傍晚喷施，每季每种药只可用2次，轮换用药，以减缓害虫产生抗药性。

2. 斜纹夜蛾

（1）危害特点　斜纹夜蛾是一种食性很杂的暴食性害虫。初孵幼虫群集危害，二龄后逐渐分散取食叶肉，四龄后进入暴食期，五至六龄幼虫暴食量占总食量的90%。幼虫咬食叶片、花、花蕾及果实，食叶成孔洞或缺刻，严重时可将全田植株吃成光秆。

（2）防治方法

①诱杀成虫　利用成虫的趋光性、趋化性进行诱杀。可采用黑光灯、频振式灯诱蛾。也可用糖醋液（糖:醋:水＝3∶1∶6）加少量敌百虫胃毒剂诱杀。

②人工捕杀　利用成虫产卵成块、初孵幼虫群集危害的特点，结合田间管理进行人工摘卵和消灭集中危害的幼虫。

③药剂防治　在幼虫初孵期用复合病毒杀虫剂虫瘟1号1 500倍液喷雾，效果较好。虫害发生后可选用5%氟啶脲乳油3 000倍液，或5%氟虫脲乳油2 000倍液，或21%氰戊·马拉松乳油2 000倍液，或40%氰戊菊酯乳油5 000倍液，或2.5%联苯菊酯乳油3 000倍液，或48%毒死蜱乳油1 000倍液，每隔7～10天喷施1次，

连用2～3次。

3. 茶 黄 螨

（1）危害特点 成螨和幼螨集中在寄主的幼嫩部位（幼芽、嫩叶、花、幼果）吸食汁液。被害叶片增厚僵直，变小或变窄，叶背呈黄褐色或灰褐色，带油渍状光泽，叶缘向背面卷曲。幼茎被害变黄褐色，扭曲成轮枝状。花蕾受害变畸形，重者不能开花坐果。受害严重的辣椒植株矮小丛生，落叶、落花、落果后形成秃尖状，果实不能长大，凹凸不光滑，肉质发硬。华北地区大棚辣椒一般在5月中下旬开始发生，6月中旬至9月中下旬为盛发期；露地辣椒危害高峰期在8～9月份，越夏延秋栽培辣椒较易受害。

（2）防治方法

①清洁田园 搞好冬季大棚内茶黄螨的防治工作，铲除田间和棚内杂草，采收后及时清除枯枝落叶集中烧毁，减少越冬虫源。

②药剂防治 在虫害的发生初期，喷布1.8%阿维菌素乳油3 000倍液，或72%炔螨特乳油2 000倍液，或55%噻螨酮乳油2 000倍液，或20%双甲脒乳油1 500倍液，或2.5%联苯菊酯乳油3 000倍液，或25%灭螨猛可湿性粉剂1 000倍液，药剂应轮换使用，每隔10天喷施1次，连续喷施3次。注意把药液重点喷在植株上部的嫩叶背面及嫩茎、花器、嫩果上。

4. 蛴 螬

（1）危害特点 蛴螬是金龟子的幼虫，主要在未腐熟的粪中产生，特别是生鸡粪中数量更多。蛴螬是多食性害虫，可危害多种蔬菜的幼苗。幼虫主要取食幼苗的地下部分，直接咬断根、茎，使全株死亡。

（2）防治方法 ①秋后深翻土地，进行冻垡，可明显降低翌年的虫口基数。注意施用充分腐熟的有机肥，不施生粪。在有机肥施用时每立方米用50%辛硫磷乳油50毫升对水稀释成100倍液喷洒并拌均匀，有较好防效。②发现有幼虫危害时可用90%晶体敌百虫800～1 000倍液，或50%辛硫磷乳油1 000倍液灌根。还可在畦内

撒毒土进行毒杀，毒土的配制方法：每 667 米 ^{2} 用 50% 辛硫磷乳油 200～250 克，加水 10 倍喷于 25～30 千克细土上，拌匀即成。

5. 小地老虎

（1）危害特点　小地老虎是一种杂食性害虫，可危害多种蔬菜幼苗。幼虫三龄前大多在叶背面和叶心里昼夜取食而不入土，三龄后白天潜伏在浅土中，夜间出来活动取食。苗小时齐地面咬断嫩茎，并将断苗拖入穴中。五至六龄进入暴食期，占总取食量的 95%。成虫昼伏夜出，尤以黄昏后活动最盛，并交配产卵。成虫对灯光和糖醋有趋性，三龄后的幼虫有假死性和互相残杀的特性，老熟幼虫潜入土内筑室化蛹。

（2）防治方法　①早春铲除田园杂草，减少产卵场所和食料来源。春耕多耙，消灭土面上的卵粒。秋、冬深翻烤土冻土，破坏其越冬场所。②利用成虫的趋光性，趋化性进行诱杀。应用频振式诱蛾杀虫灯效果好。春季利用糖醋液诱杀成虫，按糖∶醋∶酒∶水＝6∶3∶1∶10 的比例，再加入少量敌百虫配成诱液，将诱液放进盆内，傍晚时置入田间，盆离地面约 1 米，第二天上午收盆集中杀死。③药剂防治。在三龄幼虫前用药效果好。可选用 2.5% 敌百虫粉剂，每 667 米 ^{2} 用 1.5～2 千克药粉，加 10 千克细土，制成毒土拌匀后撒在植株周围。辣椒苗期可选用以下药剂进行喷雾：90% 晶体敌百虫 1 000 倍液，或 21% 氰戊 · 马拉松乳油 8 000 倍液，或 20% 氰戊菊酯乳油 3 000 倍液；虫龄较大时，可用 80% 敌敌畏乳油或 48% 毒死蜱乳油 1 000 倍液灌根。

6. 蚜　虫

（1）危害特点　蚜虫繁殖的最适温度为 18℃～24℃，25℃以上抑制其发育，空气相对湿度高于 75% 不利于蚜虫繁殖，所以蚜虫在较干燥季节危害较重。北方等地常在春（6 月）、秋（9 月）两季各有 1 个危害高峰期。蚜虫对黄色、橙色有很强的趋向性，其次是绿色、银灰色有避蚜虫的作用。

蚜虫繁殖力强，华北地区每年可发生 10 多代，长江流域 1 年可发生20～30代。主要以卵在露地越冬作物上越冬，温室等保护设施内冬季也可繁殖和危害。蚜虫还可产生有翅蚜，在不同作物、不同设施间和地区间迁飞、传播病毒。

（2）防治方法 ①木槿、石榴及菜田附近的枯草是蚜虫的主要越冬寄主，在秋、冬季及春季要彻底清除菜田附近杂草，或在早春对木槿、石榴等寄主喷药防治。②物理防治。利用涂有10号机油等黏液的黄板来诱杀蚜虫。黄板大小一般为16～20厘米^2，插于或悬挂于行间并与植株高度持平。银灰色对蚜虫有较强的忌避性，可在田间挂银灰色塑料条或用银灰色地膜覆盖，在辣椒播后立即搭0.5米高的拱棚，每隔0.3米纵横各拉一条银灰色塑料薄膜，覆盖18天左右。③洗衣粉灭蚜。洗衣粉中的十二烷基苯磺酸钠对蚜虫等有较强的触杀作用。可用洗衣粉配成400～500倍液，每667米^{2}用60～80升，连喷2～3次。④药剂防治。选用50%抗蚜威可湿性粉剂2 500倍液喷施防治。

7. 白 粉 虱

（1）危害特点 白粉虱又名小白蛾，在全国各地均有危害，特别是在保护地较多的地区终年危害。危害时主要群集在叶片的背面，以刺吸式口器吮吸汁液，被害叶片退绿、变黄、植株生长势衰弱，成虫和若虫分泌的蜜露堆积在叶片和果实上，易发生煤污病，影响光合作用，降低果实的商品性。

（2）防治方法 ①利用白粉虱的趋黄性，可在栽培地设置1米×0.1米的橙黄色板，在板上涂上10号机油（加入少量黄油）。每667米^{2}设30～40块，诱杀成虫效果较好。黄板设置高度与植株高度相平。隔7～10天再涂1次机油。②在温室和大棚等保护设施内，可人工释放丽蚜小蜂、中华草蛉、赤座霉菌等天敌防治白粉虱。③药剂防治。可用25%噻嗪酮可湿性粉剂2 500倍液，或25%灭螨猛乳油1 200倍液，或10%联苯菊酯乳油或2.5%溴氰菊酯乳油3 000倍液，或20%氰戊菊酯乳油2 000倍液喷洒，每周1次，连喷3～4次，不同药剂应交替使用，以免害虫产生抗药性。

8. 美洲斑潜蝇

（1）危害特点　美洲斑潜蝇虫体微小，幼虫为米黄色无头蛆，最长不超过3毫米，可自己滚动到地下。成虫为2毫米大小的蝇子，背部具有黄黑色亮点。幼虫钻叶危害，在叶片上形成由细变宽蛇形弯曲的隧道，开始为白色，以后变成铁锈色，有的在白色隧道内还带有湿黑色细线。幼虫多时，在短时间内叶面就被钻花干枯。

（2）防治方法

①农业防治　及时清除残茬或杂草，特别是已经发生虫害的地块。日常田间管理时，一旦发现刚发生的新叶受害应立即摘除，并深埋。保护地可结合换茬进行土壤和设施消毒。如在夏季可进行高温闷棚消毒。

②药剂防治　宜选择兼具内吸和触杀作用的杀虫剂，如20%吡虫啉可湿性粉剂3 000～4 000倍液，或2.5%高效氟氯氰菊酯乳油2 000倍液，或1.8%阿维菌素乳剂2 000倍液喷雾，注意交替轮换用药。根据美洲斑潜蝇的习性，喷药应在早晨或傍晚进行。

第十一章

辣椒种植专家经验介绍

一、辣椒连作栽培技术

随着设施农业的发展，辣椒已成为设施栽培的主要蔬菜种类，在保障市场供应和促进农民增收方面发挥着积极的作用。在设施辣椒生产中，由于多年连作重茬导致土壤环境逐渐恶化，连作障碍日趋严重，土传病害逐年加重。

1. 连作障碍产生的原因

第一，连作过久，病菌累积量增加，致使土壤传播性病害加剧。据陕西省线辣椒育种协作组在陕西辣椒基地调查，一般辣椒生产田连作种植年限为 10 年左右，最长达 20 年之久。据统计，连作种植面积已占到辣椒栽培总面积的 85% 以上，栽培历史悠久的老生产区已占到种植面积的 100%。长期的连作种植造成土壤中病原菌、虫卵的大量累积和逐年增加，一般认为土壤中病原菌的累积量和微生物结构是否合理与种植年限成正相关，种植年代越长，病原菌累积量越多，危害程度就越高，对产量和品质的影响就越大。这是因为同一地块长期连作种植，辣椒就会产生自毒作用，其根际部便产生和分泌出不利于辣椒正常生长发育的一些特殊有毒物质；由于年复一年的连作种植辣椒本身的残枝败叶、腐果便落入田地中，致使土壤中积累量逐年增加，这样就刺激土壤中某些病原菌休眠孢子的发育和繁殖，当生长环境条件适宜时，病原菌就会从寄生根际部侵

入危害，引起病害发生。据有关学者研究报道，通过对病害、近似病害、虫害及病虫害以外引起的连作障碍调查，其中表现最为突出、影响最大的属病害引起的连作障碍，占危害率的69.3%；近似病害引起的部分危害率占74%；虫害引起的部分危害率占78.7%。同时，土壤中有毒物质的生成和积累，主要决定于辣椒残体的数量、土壤酸碱度、质地、微生物活性及气象因子。据此说明连作障碍形成的主要原因，是由于病害的增加危害而引起的。

第二，长期连作，土壤养分比例失调，造成了土壤疲乏、活力降低。辣椒为氮、磷、钾全营养型作物，其根系在土壤中活动范围有限。但长期连作，就会自然出现辣椒田中土壤肥力耗损，土壤耕作层变浅，根系活动范围变小、通透性变差的现象，并可导致土壤养分比例失调、土壤物理结构变劣、理化性质改变、土壤活力降低、微生物生态发生变化等问题，严重影响辣椒正常生长发育，造成辣椒果实弯曲变短、色泽变淡、产量降低、品质下降。

2. 防治连作障碍的关键措施

（1）合理轮作倒茬　据调查，陕西省辣椒生产区，影响性最大、破坏性最强的病害为疫病、枯萎病、黄萎病和细菌性青枯病，连作年限不同，其发病率也不同，其中辣椒连作3年以上的田块发病率为25%，连作8年以上的发病率高达80%以上，甚至有些地区部分田块出现成片死株的现象。据此说明，随着连作年限的增加，病害程度加大，对产量品质影响就越大，同时也增加了单位面积的生产成本（劳力、农药），因此科学合理地实行3～5年轮作倒茬制已迫在眉睫。通过轮作倒茬有效地使病原菌的寄生条件和蔓延速度得到改善和扼制，达到断绝病原菌养分的供给，使病原菌数量和密度锐减，其生存能力降低直至丧失，最终达到用地养地相结合、提高土壤肥力、增强土壤活性和创造有利于辣椒生长的环境条件的理想目标。为此，生产中应依据辣椒的生长规律和发育特点，合理采取与禾本科（小麦、玉米）、豆科（大豆）、块茎类（甘薯等）、百合科（葱、蒜、韭菜）及十字花科（甘蓝、白菜）等作物轮作倒茬。不同生态条件下的辣椒产区，在轮作套种时可根据当地生产实际和栽培习惯灵活选择应用，以达到最佳效果。

（2）加强土壤改良 辣椒为浅根系作物，科学有效地实行土壤机耕深翻，是有效改良和减轻连作障碍问题行之有效的措施。但是在长期连作生产的影响下，致使现有的土壤团粒结构遭受破坏，通透性变差，耕作层逐年变浅，辣椒根系生长活动范围受阻（由原来根系伸展20厘米左右，上浮为10～15厘米），根系总量减少，吸收功能降低，单位面积产量下降15%～20%。为了改善和创造有利于辣椒生长发育的良好土壤条件，应从加强土壤深翻改良入手，减轻有害微生物对寄主的影响。机耕时彻底打破土壤犁底层，耕翻深度30厘米以上。同时结合深翻，每667米^{2}撒施硫酸铜或代森锰锌2千克、辛硫磷0.5千克，进行土壤消毒处理，提高土壤清洁度。

（3）重施有机肥 我国是世界上土壤有机质含量较为贫乏的国家之一，平均仅为1.3%，低于美国土壤有机质含量的3.7%。通过比较认为，目前我国的土壤条件和现有的生产基础，已远远不能适应农业可持续发展的需要，在一定程度上已严重制约了农业整体发展水平。就辣椒生产而言，目前生产中普遍存在重视化学肥料、轻视和忽略了有机肥的施用，使本来较差的土壤条件向恶性方向发展（土壤板结，营养比例失调，团粒结构遭受破坏），这与土壤有机质含量有相关性。

据日本报道，连作年代过久，土壤中有机质少是严重构成连作障碍的最重要原因。据匈牙利报道，在保证土壤施用化学肥料供应的前提下，有机肥料所具有的独特作用，是化学肥料无法替代和难以弥补的。重视和加强土壤有机质的供给，有效改善土壤理化性状，增加有益微生物数量，提高土壤肥沃度，是增强土壤通透性和提高土壤保肥、保水性能的重要措施。具体要求：辣椒收获后结合土壤深翻，每667米^{2}重施农家肥（人粪尿，家禽、家畜混合肥）4 000～5 000千克；辣椒定植前每667米^{2}再增施腐熟稻壳鸡粪1 000千克；辣椒封行培垅前每667米^{2}再加施油饼肥100～150千

克；辣椒定植缓苗后，结合田间灌溉在辣椒行间撒施一层麦糠，以起到保水保肥和增加土壤通透性的作用。另外，利用农作物秸秆、麦糠、杂草等沤制腐烂后还田和家畜家禽过腹还田等方法广泛搜集有机肥源，以达到提高土壤有机质含量的目的。

（4）节水灌溉及其他措施 采取隔沟（行）灌水的方法，有效控制水量；实行精播量育苗，提高辣椒苗素质；加强抗病、抗重茬辣椒品种的培育力度，积极探索选用具有免疫力及抗病性强的砧木进行嫁接栽培；增加生物有机肥的使用和推广力度，起到拮抗某些病原微生物而达到抑制病害的目的。

二、育苗经验

1. 采用育苗移栽

育苗是辣椒高产、高效栽培的关键技术之一。通过育苗可以提高土地利用率，节省用种量，解决季节衔接和茬口安排的矛盾，便于管理，节省劳动力。同时，有利于防止自然灾害和病虫危害，提高秧苗素质，提高产量，控制上市时间，达到增产增收的效果。各地应根据当地的自然气候条件采用设施育苗或露地育苗。

2. 育苗设施

目前，我国辣椒大面积栽培，生产中，切实可行且使用较多的是保护地育苗。保护地育苗因栽培方式和栽培季节的不同又分为保温育苗和降温育苗，保温育苗又因热源不同分为冷床育苗和温床育苗。只利用自然阳光不增加其他热源的保护地保温育苗叫冷床育苗，常见的有非加温温室育苗，塑料大、中、小棚育苗和阳畦育苗。既利用阳光保温而且有加温设施的育苗叫温床育苗，常见的有电热温床育苗、火热温床育苗和酿热温床育苗。保护地育苗主要是为保护地春提早、秋延后和冬春季辣椒栽培提供优质壮苗。纯露地育苗在我国辣椒栽培中已不多见，主要有为夏秋辣椒栽培提供秧苗的春季露地育苗及为南方冬季辣椒栽培提供壮苗的秋季露地育苗。

3. 苗床管理

辣椒是喜温、需阳光充足、忌湿的作物。在苗期阶段以调节床温、增加光照、合理控制湿度为主，白天温度保持25℃左右、夜间12℃～15℃。当有60%～70%苗出土时揭去地膜；当中午温度升高时注意放风降温，防止烧苗。育苗的土壤湿度宜偏小，幼苗2～3片真叶时，如土壤干旱可用喷壶喷水；4～5叶时如干旱可将沟灌满水，使水慢慢渗到畦内土壤里，要浇透以减少浇水次数。在定植前15天放风炼苗，使幼苗逐步适应外部环境，提高移栽成活率。

三、定植经验

1. 定植苗龄

苗岭40天左右，根系发达，苗高20～25厘米，茎粗0.5厘米以上，叶4～5片，现蕾的苗株。

2. 要有排水沟

辣椒是一种喜温、怕涝、怕渍、耐旱、喜光而又较耐弱光的作物。辣椒栽培一般采用深沟、高畦、窄畦，以便于排水和灌溉，按南北向开沟，沟距一般为80～100厘米。开好沟后，在畦中间开浅沟，施入基肥，待定植。

3. 带土移植

辣椒根系恢复能力弱，移栽时，要尽量带土移栽，少伤根系。要趁晴天定植，土要干，土湿移栽缓苗期长、生长差。

4. 定植后管理

定植后立即浇定根水，浇水量要足，使土壤充分湿润。夏秋季定植后1周内，中午最好用遮阳网或稻草等其他覆盖物遮挡部分阳光，防止晒伤秧苗，并可减轻病毒病的发生。定植后1周不放风或少放风，使棚室白天温度保持在30℃左右。缓苗后白天温度保持在25℃～30℃、夜间28℃左右。

四、田间管理经验

1. 植株调整技术

辣椒植株生长前期在管理上应适当给予高温，重点是促使根系和茎叶旺盛生长，达到促秧又不发生徒长的目的。当株高约 25 厘米时，可将分杈以下叶片及叶腋上发生的侧芽全部摘除，以利通风透光。中期由促秧转向促果，及时打去底部老叶、黄叶、病叶和细弱的侧枝，摘除第一分枝以下的侧枝，这样不但能减少养分消耗，有利于通风透光，还可降低湿度，减轻病害发生。至于摘心，应根据栽培茬口和需要而定，不宜过早进行，以免降低产量。

2. 保花保果技术

辣椒在生长过程中，易发生落花落果和落叶现象，致使辣椒早衰和减产。防止落花落果：一是要防止高温，超过 35℃的高温会引起落花落果。二是避免快速的环境变化。门椒、对椒开花结果时正值高温多雨季节，很容易出现落花落果的现象。为此，当有 30% 的植株开花时，可用 20～30 毫克 / 千克防落素溶液进行喷花或涂抹花，每 3～5 天处理 1 次，处理时要防止药液飞溅到幼嫩的茎叶上。花期用磷酸二氢钾 500 倍液喷施，也有较好的保花保果作用。在低温时期，辣椒落花落果严重，也应用药剂进行保花保果。开花期可用 20～30 毫克 / 千克 2，4–D 溶液，或用 25～30 毫克 / 千克番茄灵溶液喷花或涂抹花柄，喷药可在上午 8～11 时进行。

3. 再生栽培技术

日光温室秋冬茬辣椒栽培中，结果后期易受到长期低温寡照、多湿天气的影响，常常造成植株小、形成簇花、开花不结果、形成无籽果等现象，给菜农造成很大损失。采用辣椒再生栽培技术，能有效地提高产量，增加收入。具体措施和栽培技术如下：一般在 2 月中下旬至 3 月上旬，也就是日光温室辣椒春季正常定植时间，如果天气转暖快、地温高，可在 2 月中下旬进行辣椒再生栽培；如果天气阴冷、地温低、室内温度低于20℃，就在3月上旬进行辣椒再生栽培。再生部位是在辣椒“四母斗”部以上枝全部用剪枝剪剪除，剪口在分枝以上1厘米处，剪口斜向外。修剪后立即进行施肥整地。修剪后白天温度保持在28℃以上，夜间保持在12℃以上。在新枝出现以前，晚揭早盖草苫以保持较高的温度，新枝2～3厘米后要在保证温度的适宜范围内多见光。晴天揭草苫后40分钟，拉开后通风洞换气1小时左右；中午2时左右再换气1次，时间为1小时。阴天、雨天揭开草苫后1小时再拉开通风洞换气40～50分钟，中午气温最高时再换气40分钟。晴天温度较高时要加大通风量，以利于开花授粉。侧枝出现后，易出现一芽多枝或侧枝出现过多过密现象，此时要根据辣椒植株的生长情况和天气情况留足留够侧枝，一般留7～10个侧枝，把多余的枝抹掉。

五、采收经验

辣椒可连续结果多次采收，青果、老果均能食用，故采收时期不严格，一般在花凋谢20～25天后可采收青果。为了提高产量，有利于上层多结果及果实膨大，应及时采收。第一、第二层果宜早采收，以免坠秧，影响上层果实的发育和产量的形成。其他各层果宜充分“转色”后才采收，即果皮由皱转平、色泽由浅转深并光滑发亮时采收。采收盛期一般每隔3～5天采收1次。以红果作为鲜菜食用的，宜在果实八九成红熟后采收。干制辣椒要待果实完全红熟后才采收。采收宜在晴天早上进行，中午水分蒸发多，果柄不易脱落，采收时易伤及植株，而且果面因失水过多容易皱缩。下雨天不宜采收，采摘后伤口不易愈合，病菌易从伤口侵入而引起发病。

参考文献

［1］李新峥，蒋燕．蔬菜栽培学［M］．北京：中国农业出版社，2006.

［2］杜晓华，袁俊水．安全辣（甜）椒高效生产技术［M］．郑州：中原农民出版社，2010.

［3］沈火林．辣椒四季栽培［M］．北京：科学技术出版社，2001.

［4］孙幸祥，王军，凌云昕，等．辣椒栽培与病虫害防治技术手册［M］．北京：中国农业出版社，2004.

［5］孙洁波．蔬菜优质四季栽培［M］．北京：科学技术出版社，2000.

［6］常绍东，黄贞．辣椒栽培关键技术［M］．广州：广东科技出版社，2004.

［7］程永安．辣椒无公害生产技术［M］．北京：中国农业出版社，2003.

［8］李贞霞，杨鹏鸣，刘振威．辣椒实用生产技术［M］．北京：金盾出版社，2013.

［9］王永平，张绍刚，张婧，等．我国辣椒产业发展现状及趋势［J］．河北农业科学，2009，13（6）：135–138.

［10］戴雄泽，邹学校，马艳青．我国辣椒新品种推广与良种繁育现状［J］．长江蔬菜，2007,（7）：33–37.

［11］上官金虎，吕广林，王宏岳．线辣椒连作障碍原因与对策［J］．陕西农业科学，2007（3）：122–123.

[13] 王志源等. 辣椒高产栽培（第4版）[M]. 北京：金盾出版社. 2013.

[14] 苗锦山，沈火林. 辣椒高效栽培 [M]. 北京：机械工业出版社. 2015.